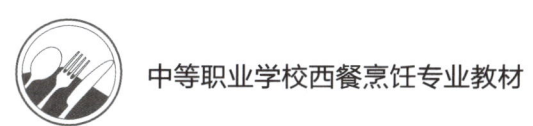

中等职业学校西餐烹饪专业教材

西餐基础厨房

王 芳 主编
马晓亮 殷佳妮 副主编

中国轻工业出版社

图书在版编目（CIP）数据

西餐基础厨房 / 王芳主编. —北京：中国轻工业出版社，2024.8

中等职业学校西餐烹饪专业教材

ISBN 978-7-5184-1280-8

Ⅰ.①西… Ⅱ.①王… Ⅲ.①西式菜肴—烹饪—中等专业学校—教材 Ⅳ.①TS972.118

中国版本图书馆CIP数据核字（2017）第184181号

责任编辑：史祖福　　责任终审：张乃柬　　设计制作：锋尚设计
策划编辑：史祖福　　责任校对：晋　洁　　责任监印：张　可

出版发行：中国轻工业出版社（北京鲁谷东街5号，邮编：100040）
印　　刷：三河市万龙印装有限公司
经　　销：各地新华书店
版　　次：2024年8月第1版第2次印刷
开　　本：787×1092　1/16　印张：11
字　　数：280千字
书　　号：ISBN 978-7-5184-1280-8　定价：42.00元
邮购电话：010-85119873
发行电话：010-85119832　010-85119912
网　　址：http://www.chlip.com.cn
Email：club@chlip.com.cn
版权所有　侵权必究
如发现图书残缺请与我社邮购联系调换
241460J3C102ZBW

前言
PREFACE

　　学习西餐烹饪与学习中餐烹饪相同,有许多原料的准备工作,包括原料的选择、初加工以及切配,这些技能属于西餐烹饪制作的基础操作。对于学习西餐烹饪的学生来说,必须熟练掌握这些基础的操作,为进一步制作西餐菜肴打下基础。

　　《西餐基础厨房》是中等职业学校西餐烹饪专业的一门专业核心课程。通过本课程的学习,学生能掌握西餐常用原料的初步加工方法、西餐常用的刀法,具备对常用西餐烹饪原料进行初步加工的能力,并且具备沟通和合作的能力,为发展各专门化方向的职业能力奠定基础。

　　本书为满足当今中职职业教育的要求,以任务引领的形式编写,将整个学习内容分为认识西餐基础厨房、西餐原料初步加工、西餐原料准备、西餐基础汤和早餐的制作四个模块,每个模块下面有若干项目,以"模块—项目—任务—训练"为体例。在编写过程中,考虑了当今中职学生的学习特点,采用较多的图、表等形式,并辅以相应的知识拓展,帮助不同层次的学生学习,体现了教材的教、做、学一体化。

　　本书由上海市第二轻工业学校王芳老师担任主编,上海市第二轻工业学校马晓亮、中华职业学校殷佳妮老师担任副主编,上海市第二轻工业学校季丽雯老师、邢宏宇老师,湖南省商业技师学院盛金朋老师、周国银老师等参与编写。本书在编写过程中汲取了以往同类教材的某些成果,参考了有关专家、教授的相关著述,同时,得到了相关学校和中国轻工业出版社的有关领导、编辑的大力支持。在此一并致以衷心的感谢!

　　愿使用本书的所有学生能从中真正受益。但囿于编者水平有限,书中不妥与错误之处在所难免,希望各位读者批评指正。

编　者

2017年7月

目录
CONTENTS

模块一　认识西餐基础厨房 / 001

　　项目1　认识西餐基础厨房的工具与设备 / 002
　　　　任务1　西餐基础厨房的功能与布局 / 002
　　　　　　　活动1　西餐基础厨房的功能 / 002
　　　　　　　活动2　西餐基础厨房的布局 / 003
　　　　任务2　西餐基础厨房中的工具 / 004
　　　　　　　活动1　工具种类 / 004
　　　　　　　活动2　工具的安全使用 / 006
　　　　　　　活动3　工具保养 / 008
　　　　　　　　　训练　磨刀 / 008
　　　　任务3　西餐基础厨房中的设备 / 009
　　　　　　　活动　设备种类 / 010
　　　　任务4　厨房安全操作规范 / 012
　　　　　　　活动1　西餐厨房中的伤害 / 013
　　　　　　　活动2　厨房安全操作姿势 / 013

　　项目2　认识西餐加工厨师 / 020
　　　　任务1　西餐加工厨师的工作流程 / 020
　　　　　　　活动1　西餐厨房生产运行管理流程及人员配备 / 020
　　　　　　　活动2　西餐加工厨师的工作流程 / 022
　　　　任务2　西餐加工厨师的工作职责 / 022
　　　　　　　活动1　传统的厨房人员构成 / 022
　　　　　　　活动2　加工厨师职业标准 / 023

模块二　西餐原料初步加工 / 028

　　项目1　植物性原料的初步加工 / 029
　　　　任务1　叶菜类初步加工 / 029
　　　　　　　活动1　叶菜类的清洗 / 030

　　　　　活动2　叶菜类的储存 / 030

　　　　　训练1　菠菜的初加工 / 031

　　　　　训练2　生菜的初加工 / 032

　　　　　训练3　芹菜的初加工 / 033

　　任务2　根茎类菜初步加工 / 034

　　　　　活动1　根菜类的加工 / 034

　　　　　活动2　根茎类的储存 / 034

　　　　　训练1　芦笋的初加工 / 035

　　　　　训练2　土豆的初加工 / 036

　　　　　训练3　胡萝卜的初加工 / 037

　　任务3　果菜类及水果类初步加工 / 038

　　　　　活动1　果菜类及水果类的加工 / 038

　　　　　活动2　果菜类及水果类的储存 / 038

　　　　　训练1　番茄的初加工 / 039

　　　　　训练2　荷兰豆的初加工 / 040

　　　　　训练3　苹果的初加工 / 041

　　　　　训练4　甜橙的初加工 / 042

　　任务4　花菜类初步加工 / 043

　　　　　活动1　花菜类的加工 / 043

　　　　　活动2　花菜类的储存 / 043

　　　　　训练1　西蓝花的初加工 / 044

　　　　　训练2　朝鲜蓟的初加工 / 045

　　任务5　食用菌类初步加工 / 046

　　　　　活动1　食用菌类的加工 / 046

　　　　　活动2　食用菌类的储存 / 046

　　　　　训练　鲜蘑的初加工 / 047

项目2　动物性原料的初步加工 / 052

　　任务1　畜类原料的初步加工 / 052

　　　　　活动1　畜类原料的分档 / 052

　　　　　活动2　畜类原料的质量 / 057

　　　　　训练1　牛菲力的初加工 / 060

　　　　　训练2　猪排的初加工 / 061

　　　　　训练3　羊排的初加工 / 062

　　任务2　禽类原料的初步加工 / 063

　　　　活动 1　禽类原料的宰杀与分档 / 063
　　　　活动 2　禽类原料的质量 / 065
　　　　训练 1　整鸡出骨 / 068
　　　　训练 2　整鸡切割（一块法）/ 069
　　　　训练 3　整鸡切割（两块法）/ 070
　　　　训练 4　整鸡切割（四块法）/ 071
　　　　训练 5　整鸡切割（八块法）/ 072
　　　　训练 6　鸡排加工 / 073
　　任务 3　水产类原料的初步加工 / 074
　　　　活动 1　水产类原料的宰杀与分档 / 074
　　　　活动 2　水产类原料的质量 / 079
　　　　训练 1　鲈鱼出骨 / 080
　　　　训练 2　比目鱼出骨 / 081
　　　　训练 3　虾的去壳 / 083
　　　　训练 4　龙虾加工 / 084
　　　　训练 5　蟹的去壳 / 085
　　　　训练 6　蛤蜊的去壳 / 086
　　　　训练 7　蜗牛加工 / 087

模块三　西餐原料准备 / 092

项目 1　西餐刀法 / 093
　　任务 1　刀工准备 / 093
　　　　活动 1　刀工的作用 / 093
　　　　活动 2　刀工的准备 / 095
　　任务 2　西餐刀工运用 / 097
　　　　活动 1　旋削法 / 097
　　　　　　训练 1　修六面橄榄形 / 098
　　　　　　训练 2　修光滑橄榄形 / 099
　　　　　　训练 3　修荸荠形 / 100
　　　　活动 2　切法 / 101
　　　　　　训练 1　胡萝卜切条 / 103
　　　　　　训练 2　土豆切片 / 104
　　　　　　训练 3　土豆切丝 / 105

训练4　土豆切块 / 106

训练5　洋葱切末 / 107

活动3　片法 / 108

训练1　鱼肉切丝 / 109

训练2　牛肉切丝 / 110

活动4　剁法 / 111

训练　鱼肉剁蓉 / 111

项目2　西餐捆扎 / 116

任务1　捆扎的作用 / 116

任务2　捆扎的方法 / 117

训练1　鸡肉卷的捆扎 / 119

训练2　牛肉的捆扎 / 120

模块四　西餐基础汤和早餐的制作 / 123

项目1　西餐常用烹调技法 / 124

任务1　水传热 / 124

活动1　煮 / 124

活动2　烩和焖 / 126

任务2　油传热 / 127

活动1　煎 / 127

活动2　炸 / 129

活动3　炒 / 130

任务3　空气传热 / 131

活动1　烤 / 131

活动2　焗 / 132

活动3　铁扒 / 132

活动4　串烧 / 133

任务4　辐射传热 / 134

项目2　基础汤的制作 / 139

任务1　基础汤的作用与分类 / 139

活动1　基础汤的作用 / 139

　　　　　活动 2　基础汤的分类 / 140
　　任务 2　基础汤的制作 / 141
　　　　　活动 1　制作基础汤的原料 / 141
　　　　　活动 2　基础汤的制作要点 / 143
　　　　　训练 1　白色基础汤 / 144
　　　　　训练 2　鱼基础汤 / 145
　　　　　训练 3　上色基础汤 / 146

项目 3　西式早餐的制作 / 150
　　任务 1　西式早餐的特点与分类 / 150
　　　　　活动 1　西式早餐的特点 / 150
　　　　　活动 2　西式早餐的分类 / 151
　　任务 2　西式早餐的制作 / 152
　　　　　活动 1　蛋类早餐的制作 / 152
　　　　　训练 1　煮鸡蛋 / 154
　　　　　训练 2　双面煎鸡蛋 / 155
　　　　　训练 3　杏力蛋 / 156
　　　　　活动 2　三明治的制作 / 157
　　　　　训练 1　公司三明治 / 159
　　　　　训练 2　金枪鱼三明治 / 160
　　　　　活动 3　饮品的制作 / 160
　　　　　训练 1　咖啡的制作 / 162
　　　　　训练 2　红茶的制作 / 163

参考文献 / 167

模块一

认识西餐基础厨房

项目 1
认识西餐基础厨房的工具与设备

🍳 学习目标

1. 了解西餐基础厨房的布局和功能。
2. 熟悉西餐基础厨房中的工具和设备。
3. 能安全地进行西餐基础厨房的工作。

☕ 项目描述

本项目是对西餐基础厨房中的工具和设备的简单介绍,帮助学习者了解西餐厨房的设备工具和使用方法,以及如何安全地进行规范操作。

🍽 项目任务

任务1 西餐基础厨房的功能与布局

【任务导入】

厨房的布局决定了整个厨房应有的功能,以及可以招待的顾客饱和量。合理的布局可以很好地提高工作的运营效率,避免操作过程中的安全事故。

【任务实施】

活动1 西餐基础厨房的功能

西餐基础厨房也称备餐厨房,是西餐厨房的一个分支部门,是对整个西餐生产部门所需的原料进行预处理的场所。任何菜肴制作前,其原料都需要进行前期的加工处理,包括洗、切、涨发等,这些工序如果在西餐冷菜厨房或热菜厨房中直接进行,会占用厨房相当大的空间,而且各厨房根据需要整理原料容易造成原料的浪费,且不符合卫生要求。所以酒店厨房中建立基础厨房,将各厨房的原料需求进行整合,可以根据厨房需要合理分配原料,降低成本。

基础厨房的功能在于接收各厨房的料单，根据各厨房的要求，准时将植物性原料进行清洗修剪，并初步切配，动物性原料进行宰杀、分档，甚至在一些酒店的基础厨房还会进行西餐基础汤汁的制作。

活动2　西餐基础厨房的布局

西餐厨房的类型主要是由餐厅的营业方式，即餐厅菜单上确定的供应范围和提供的服务形式与方法决定的。餐厅根据其供应特点和营业方式一般可分为零点式餐厅和公司式或团体式餐厅两种。在一些大饭店中，往往有多个不同类型的餐厅。为了适应不同类型餐厅的需要，饭店中一般都设有一个主厨房或宴会厅厨房及数个小型厨房，它们之间既有明确的分工，又彼此相互联系，构成饭店的厨房体系。在西餐基础厨房的设计中必须遵循以下几个原则。

一、设备配备合理

设备类型应该合理搭配，保证功能的需要，在安全可行的前提下，可以考虑降低成本。

二、工作流程顺畅

厨房的工作效率高取决于设备布局合理、工作流程顺畅。要达到工作流程顺畅，就必须充分认识、分析工作流程中运作、设备、环境、员工的情况，减少工作环节、缩短运输距离、简化工作流程。

三、遵守法律法规、规范标准

所有国家和地方对餐饮业都有建筑设计、卫生防疫、消防和环保的法律法规。这些规章对厨房都有详细明确的要求，在新建、扩建、改建的过程中都必须遵照相关法律法规开展设计工作。

四、系统统筹的规划设计

规划设计必须把厨房及辅助系统作为整体考虑，进行配套设计，加大设计深度。在施工中要进行整体协调，安排施工程序。一定要将厨房的规划设计和厨房的经营管理看成一个整体，在工程上统一考虑运作。要把餐饮业规划的厨房技术、设备、系统、施工、协调、经营等作为整体进行统筹考虑。

五、功能匹配科学合理

厨房的大小、设备的多少以及其他配属设施的规格档次都要与经营进行配套，保证供餐和经营的需要。厨房设计应该尽量保证有比较完整的功能。

六、人性化设计原则

由于厨房内需要大量的人员进行操作,规划设计中要充分考虑员工劳动的需要。根据员工工作的流程、流水作业的顺序布置设备,实施人性化设计,以提高工作效率,保证员工的安全。

任务2 西餐基础厨房中的工具

【任务导入】

西餐的工具主要包括炊具和刀具,合理地使用工具可以提高厨房的工作效率。当然,工具的保养与清洁也非常重要,合理地摆放使用工具,可以让厨房看上去非常整洁。

【任务实施】

活动1 工具种类

一、厨房常用刀具

因为需要对原料进行切割处理,在西餐基础厨房中使用最多的是各类刀具。刀具(表1-1)的正确使用不但可以提高工作效率,而且可以避免不必要的人身伤害。

表 1-1 西餐基础厨房常用刀具

图片	名称	特点	适用范围
	厨刀 Chef's knife, French knife	是基础厨房中最常用的刀具,刀片长约26cm,靠近刀柄部位宽,渐渐变窄,前端是尖形的	最适宜日常使用,稍大的适于切片、块,小的适于做细加工
	水果刀 Fruit knife	水果刀是短小的尖刀,长5~10cm	可用来削切水果或给蔬菜去皮等
	剔骨刀 Boning knife	比水果刀略长,刀刃更加细、尖,刀身很薄,长约16cm	专门用于家禽、家畜的剔骨

续表

图片	名称	特点	适用范围
	切片刀 Microtome knife	有细长的刀片	专门用于切煮熟的肉
	屠刀 Butcher knife	刀身比较宽，且厚重，刀刃前端微翘	专门用来切、分和修较大的整块肉
	砍刀 Chopping knife	类似于中餐刀，但刀片更加宽重	专门用于砍骨头
	牡蛎刀 Oyster knife	又称开蚝刀，刀片坚硬短小，刀较钝	专门用于打开牡蛎壳
	蛤刀 Clam knife	刀片稍宽、坚硬、短小，稍微带点儿刃	专门用于打开蛤的壳，也可以用水果刀替代
	磨刀棒 Steel	不是刀，但却是刀具中不可缺少的一部分	专门用于快速磨刀，保持刀刃锋利

二、厨房常用炊具

西餐基础厨房的功能不以加热为主，但是在操作过程中会进行一些预加热处理，需要用到一些炊具（表1-2）。

表 1-2 西餐基础厨房常用炊具

图片	名称	特点
	煎盘 Fry pan	又称法兰盘，圆形、平底，直径有不同规格，用途广泛
	少司锅 Sauce pot	圆形、平底，有长柄和盖。锅底较厚，一般用于少司的制作

续表

图片	名称	特点
	汤桶 Stock pot	桶身较大、较深，有盖，两侧有耳环，一般用于制汤或烩煮肉类
	双层蒸锅 Double boiler	底层盛水，上层放食品，容积不等，有盖，一般用于蒸制食品（如今蒸制食物大多用多功能蒸箱）
	帽形滤器 China cap	有一长柄，圆形，形似帽子，用较细的铁纱网制成，一般用于过滤少司
	汤勺 Ladle	一般用不锈钢制成，有长柄，用于舀汤汁、少司等
	擦菜板 Grater	一般呈梯形，四周铁片上有不同孔径的密集小孔，主要用于擦碎奶酪、水果、蔬菜等
	蛋抽 Whisk	由钢丝捆扎而成，头部由多根钢丝交织编在一起，呈半圆形，后部用钢丝捆扎成柄，主要用于搅打蛋液等
	食品夹子 Food clip	一般是用金属制成的有弹性的U形夹子，形式多样，用于夹取食品
	烤盘 Pan	呈长方形，立边较高，薄钢制成，主要用于盛装烧烤原料
	砧板 Cutting board	现在多用天然树胶制作，抗菌能力比传统木制强得多。按颜色不同用于切不同原料，蓝色切海鲜，红色切牛肉，绿色切蔬菜，白色切即食食品，咖啡色切乳制品

活动2　工具的安全使用

在厨房工作中，工具的安全使用不但关系到自身的安全，而且还与工具的使用寿命息息相关。在所有的工具中刀具最具危险性，被刀割伤是西餐厨房员工经常遇到的伤害，因此安全使用刀具就显得尤为重要。

1. 锋利的工具应妥善保管

刀具不使用的时候应挂放在刀架上或放在专用工具箱内，不能随意放置在不安全的地方，如抽屉内、杂物中。

2. 按照安全操作规范使用刀具

在厨房中规范的刀具使用应该是将需切割的烹饪原料放在砧板上，根据原料的性质和菜点烹调的要求，选择合适的刀法，并按刀法的安全操作要求对烹饪原料进行切割。

3. 保持刀刃的锋利

在实际操作中，钝的刀刃比锋利的刀刃更容易引起事故，因为钝的刀刃在切割烹饪原料时更容易使其滑动。所以为了提高工作效率，也为了避免对自身的伤害，厨师在使用刀具时要先检查刀刃的锋利度，如果不够锋利，应在操作前先进行磨刀。

4. 各种形状的刀具要分别清洗

各种形状的刀具应分别洗净集中放置在专用的盘内，切勿将其浸没在放满水的清洗池内。

5. 刀具要称手

选择一把称手的刀具很有必要，这样能很快熟悉刀具的各项性能，并保证其处于良好状态。

6. 严禁持刀打闹

厨房员工不得持刀或其他锋利的工具打闹。一旦发现刀具从高处掉下，切忌随手去接。

7. 集中注意力

厨师在使用刀具切割原料时，注意力应高度集中，下刀须谨慎，不要与他人聊天。

8. 刀具摆放要合适（图1-1）

不得将刀具放在切配台边，以免掉在地上或砸在脚上；不得将刀具放在砧板上，以免戳伤自己或他人；在切配整理阶段，不要将刀口朝向自己，以免忙乱中受伤。

 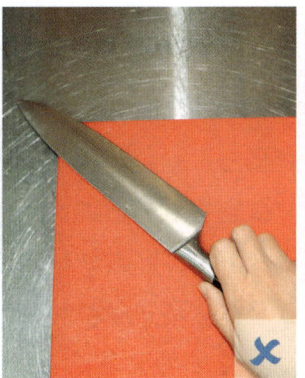  

图1-1　刀具摆放

9. 清洁刀口要谨慎

擦刀具时，应将布折叠到一定厚度，从刀具中间部分向外侧刀口擦，注意动作要慢。

10. 使用合适的工具

不得用刀来代替旋凿开罐头，也不得用刀来撬纸板盒和纸板箱，必须选择合适的开启工具。

活动3　工具保养

西餐基础厨房中，各类工具种类繁多，使用人员也较为复杂，加强厨房工具的使用与保养也是厨房管理的重要内容，所以一定要落实工具的使用管理制度。

1. 厨房工具的专人保管制度

厨房工具应根据要求存放在固定的位置上，并且进行必要的编号登记。对于一些比较贵重的工具应由专人保管，若有需要取用时必须进行登记。

2. 厨房工具的专用制度

根据厨房卫生及厨房管理的规范化，应当建立厨房工具的专用制度，如不同颜色的菜板用于不同原料的刀工处理，不能混用。

3. 厨房工具的卫生管理制度

厨房的工具在使用完毕后应及时刷洗、擦拭干净并存放于通风干燥的环境中，每隔一定时间还需做一次彻底的消毒，以避免细菌滋生而污染食物。

训练目的

能灵活运用磨刀的技术要领，会判别刀的锋利度。

原料知识导入

工欲善其事，必先利其器。磨刀是每个厨师的必修课，所有技艺高超的厨师都是从磨刀学起，磨好一把刀是接下来打好厨师基本功的准备工作。一把好刀也常常会伴随厨师很长一段职业生涯。

图1-2　磨刀工具和器皿

训练工具：
西餐刀1把、抹布2块、磨刀砖1块

训练设备：
不锈钢盛器

1. 将磨刀砖用水湿润，下面垫一块抹布防滑。
2. 刀从头开始在磨刀砖前三分之二部分来回磨。
3. 注意刀与磨刀砖的角度大约为15°，前后正反磨刀次数均匀。
4. 检查刀的锋利度，磨好的刀用干净抹布擦干。

图 1-3　磨刀步骤

成品质量要求：
1. 刀刃锋利。
2. 刀刃没有缺口，且平整。
3. 刀具干净。

> **特别提示**
> - 磨刀石应该提前用水浸泡，充分吸饱水分。
> - 磨刀过程中不要频繁的清洗刀具，磨刀时产生的黑沙可以增加摩擦力，使磨出来的刀更光滑。
> - 用拇指横向摸刀刃检查锋利程度，刀刃与指纹越有参差感就越锋利。

任务3　西餐基础厨房中的设备

【任务导入】

现代厨房越来越多地使用机械化设备来提高工作效率，降低人力成本，合理地使用和保养厨房设备，关系到西餐厨房的运行成本。西餐厨房的设备一般都比较昂贵，厨师每天完成工作后，都必须对设备进行清洁和检查，以保证厨房每天顺利运转。

【任务实施】

活动 设备种类

一、炉灶设备

（一）炉灶

炉灶又称"四眼灶"或"六眼灶"（图1-4），有燃气灶和电灶两种。一般用钢或不锈钢制成，灶面平坦，下部一般附有烤箱。高档炉灶还有自动点火和温控装置。

（二）烤炉

烤炉又称烤箱（图1-5），从热能来源上分，主要有燃气烤箱和远红外电烤箱等。从烘烤原理上分，又有对流式烤箱和辐射式烤箱两种。现在主要流行的是辐射式电烤箱，其工作原理主要是通过电能的红外线辐射产生热能，烘烤食品。烤箱主要由烤箱外壳、电热管、控制开关、温度仪、定时器等构成。

（三）铁扒炉

铁扒炉又称烧烤炉（图1-6），其表面架有一层槽型铸铁条，热能来源主要有电、燃气和木炭等，通过下面的辐射热和铁条的传导，使原料受热。使用前应提前预热。

（四）平面煎灶

平面煎灶又称平面扒炉（图1-7），其表面是一块平整的铁板，四周是滤油槽，铁板下面有一个能抽拉的铁盒。热能来源主要有电和燃气两种，靠铁板传热使被加热物体均匀受热。使用前应提前预热。

（五）明火炉

明火炉又称面火炉（图1-8），是一种立式的扒炉，中间为炉膛，有铁架，一般可升降。热源在顶端，一般适于原料的上色和表面加热。

（六）微波炉

微波炉（图1-9）的工作原理是利用电磁管将电能转换成微波，通过高频电磁场使被加热物质的分子剧烈振动而产生高热，加热效率高。微波电磁

图 1-4　西餐炉灶

图 1-5　烤炉

图 1-6　铁扒炉

图 1-7　平面煎灶　　　　图 1-8　明火炉　　　　图 1-9　微波炉

场由磁控管产生，微波穿透原料，使加热体内外同时受热。微波炉加热均匀，食物营养损失少，成品率高，并具有解冻功能。但微波加热的菜肴缺乏烘烤产生的金黄色外壳，风味较差。

（七）蒸箱

蒸箱（图1-10）主要是利用封闭在炉内的水蒸气对被加热体进行加热，经过蒸制的食物，其营养成分损失少、松软且易消化，是目前较受推崇的一种营养加热成熟方式。蒸箱可以用电或用天然气，根据使用量的大小可选择两层或三层蒸箱。

（八）深炸炉

深炸炉（图1-11）一般为长方形，主要由油槽、油脂过滤器、钢丝篮及热能控制装置等组成。炸炉大部分以电加热，能自动控制油温，主要用于炸制食品。

（九）多功能加热炉

多功能加热炉（图1-12）主要由两部分组成，上半部为长方形的容器锅，有盖，容积大，下半部是加热装置，主要由加热容器锅、电热元件、热能控制装置、摇动装置等组成，加热容器锅能倾斜。多功能加热炉用途广泛，适用于煎、炸、煮、蒸、烩等多种烹调方法。

二、其他设备

（一）水台

水台又称操作台，主要用于鱼类、海鲜的屠杀及清洗。帮助厨师预备材料做准备。

 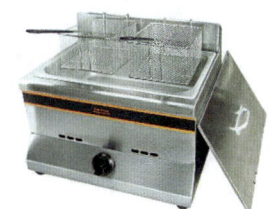 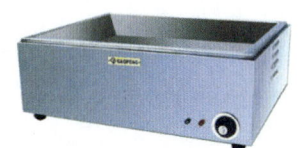

图 1-10　蒸箱　　　　图 1-11　深炸炉　　　　图 1-12　多功能加热炉

  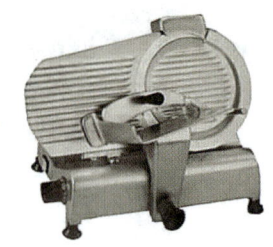

图 1-13　立式万能机　　图 1-14　多功能粉碎机　　图 1-15　切片机

（二）磨刀机

磨刀机主要用于金属刀具等的磨削。

（三）立式万能机

立式万能机（图1-13）又称多功能搅拌机，由电机、升降装置、控制开关、速度选择手柄、容器和各种搅拌龙头组成，适宜搅打蛋液、黄油、奶油及揉制、搅打各种面团等。

（四）多功能粉碎机

多功能粉碎机（图1-14）由电机、原料容器和不锈钢叶片刀组成，适用于打碎水果、蔬菜、肉馅、鱼泥等，也可以用于混合搅打浓汤、鸡尾酒、调味汁、乳化状的少司等。

（五）切片机

切片机（图1-15）可用于切割肉片、肉块以及一些蔬果类原料，可根据需要调节切割的厚度，且能做到厚薄均匀，提高厨房的工作效率和工作质量。

（六）冰箱

冰箱分为冷藏和冷冻，厨师根据原料的特点和保存的要求储藏于不同的冰箱内。

任务4　厨房安全操作规范

【任务导入】

厨房的安全和卫生一直是厨房工作中重要的一部分，是确保安全提供给食客菜品的保障，也是厨师自我保护的有效手段，因此厨房的操作必须规范，以减免不必要的伤害。

【任务实施】

活动1 西餐厨房中的伤害

西餐厨房中需要使用水、油、电、气及较多的机械设备，所以在工作过程中稍有不当，就可能会造成一定的伤害（表1-3）。

表1-3 西餐厨房中常见的伤害事故

厨房伤害情况	易发生的岗位
切、割伤	切配原料、刀具摆放不规范、设备操作不当的机械伤害
烫伤	炉灶或烤箱等加热操作、菜点品尝
跌、扭伤	地面油腻打滑、厨房中奔跑、搬运重物
火灾	燃料泄漏、烟道油烟过重、电器电路老化、炉灶设备器具使用不当、烹饪油温过高
触电	电器设备操作不当、线路老化

活动2 厨房安全操作姿势

一、防止跌伤的规范操作

跌伤在西餐厨房中时有发生，主要是由于地板上有水渍或油渍，特别是油渍，而厨师工作时节奏紧张，厨师的脚步加快后易引起跌伤，但在操作中稍加注意也是可以避免的。

（1）在使用水或油时必须注意，尽量不要使其滴落在地板上。

（2）一旦发现地面上有溅出来的水、油、食物等，必须及时进行清理，确保厨房地面干净。

（3）如果不能及时清理时，可先在地面上撒上盐或做明显的标记，提醒注意。

（4）在厨房的走廊和楼梯前禁止堆放任何障碍物，确保通道的通畅。

（5）在搬运大体积物品时，先注意观察四周，保证视线不受影响。

（6）厨房作业时无论任何时候都要保持步行，不能跑动。

二、防止搬运时损伤的规范操作

西餐厨房中经常会搬运一些原料、器具，如果用力不当，会造成腰部等身体的损伤。

（1）搬起重物时，用双腿用力，不要使用腰部的力气，从低处搬起物品时，不要低头哈腰，可以单膝跪地用双腿借力（图1-16）。

（2）在搬运途中腰部不要扭转，脚底下必须踩稳。

图 1-16 搬运重物

（3）如果搬运距离很远或者东西过重，应选择使用手推车，或者找别人帮助，不要独自处理。

三、防止切、割伤的规范操作

（1）保持刀具锋利，所谓磨刀不误砍柴工，往往一把锋利的刀要比钝的刀更加安全，因为使用锋利的刀工作时刀刃不会打滑，而且更加省力而高效。

（2）刀具使用完毕后应及时放在安全的地方，如架子上。

（3）使用刀具和任何烹饪工具时必须集中精力。

（4）发现正在掉落的刀具不能用手直接抓，必须后退，待其落下后再捡起。

（5）工具只作专用，不能另作他用，如刀具只准用来切割，不能用于起瓶盖等。

（6）严格禁止用刀具指向别人。

（7）刀具应放在显眼位置，不要将刀具放在水槽、水中或其他不易看到的地方。

（8）清洗刀具时要小心，不要将刀刃对着自己。

（9）使用砧板时不要将砧板直接放在不锈钢台面上，这样容易打滑。可以在砧板下垫一块湿毛巾防止打滑。

（10）手持刀具的时候应将刀放在体侧，刀刃向下，不要冲着自己的身体，胳膊不要甩来甩去，如有可能，把刀放在刀套内携带。当手里拿着刀靠近别人时，要预先发出警告，提醒他人注意。

（11）在食品制作区内或洗涤槽内不要摆放玻璃盘、玻璃杯等易碎物品。

（12）破碎的玻璃杯、盘应单独放置，不要将它们与其他的垃圾混在一起。

（13）若水槽中有破碎的玻璃片，要用水冲掉，不要用手捡。

（14）丢掉破裂的餐具。

（15）打开纸盒箱、木板箱包装后，将所有的钉子、订书钉都拔掉。

四、防止烧伤、烫伤的规范操作

（1）挪动炉灶上加热的锅具，应先用手轻触锅柄，确认温度不高于手的温度后，再移动锅具。

（2）对于过热的锅柄，应用干毛巾垫着再移动，不要用湿毛巾，防止产生水蒸气而烫伤手。

（3）原料进油锅之前先控干水分，否则热油会喷溅到身上。

（4）锅内煮制食物时应不超过八分满，以免热的食物沸腾后溅到锅外。

（5）穿长袖、胸部加厚的衣服，以防热食或热油喷溅到身上。要穿皮革结实、不露脚趾的鞋。

（6）打开高压锅锅盖时要小心。

（7）点火前要确认煤气是否畅通，划着火柴后再打开煤气。

（8）打开热锅盖时，人要离远些，以免被蒸汽喷到。

（9）锅柄不要冲着走廊过道，以免他人路过碰到上面，引起侧翻，也不能冲着煤气灶燃烧的火焰，否则会导致锅柄过热。

（10）严禁将水等液体靠近炸炉，如果水落到炸炉里，就会产生大量的热气，并会将热油溅到附近的人身上。

（11）端着热锅或热的食物移动时，应向周围的人发出警告，注意避让。

五、厨房加工设备的规范操作

随着厨房设备的日益现代化，加工食品的效率和质量提升了，但危险性也随之产生，大型的伤害事故大部分都发生在设备操作过程中，可能引起人的肢体损伤甚至截肢，严重的会危及生命。

（1）使用设备前必须先熟悉设备的操作程序和特点。

（2）使用设备时，必须专心，不能一心多用。

（3）一旦设备发生故障，立即停用设备，关闭电源，再检查设备。

（4）定期对设备进行检修，发生问题应通知专业维修人员，不要私自修理。

（5）当设备运行时，不要用手或其他物件接触设备上的食物。

（6）在清洗设备前，要切断电源。

（7）连接电源时，应先确认设备是否处于关闭状态。

（8）专用设备专项使用，不要挪作他用。

（9）注意设备上的安全提示，在不使用或人员离开时关闭设备。

六、厨房电源的规范操作

（1）不用手或导电物（如铁丝、钉子、别针等金属品）去接触、探试电源插座内部。

（2）不用湿手或湿布触摸、擦拭电器。

（3）电器使用完毕后，应及时关闭电源开关，切断电源。

（4）发现有人触电时千万不要用手直接救人，应先设法切断电源，或者用干燥的木棍等绝缘物品将触电者与带电的电器分开后，再进行相应处理。

（5）使用中发现电器有冒烟、冒火花、发出焦煳的异味等情况，应立即关掉电源开关，请专业人员进行检修后方可使用。

（6）严禁随意拆卸、安装电源线路、插座、插头等。

（7）要避免在潮湿的环境下使用电器，防止发生触电事故。

项目小结

本项目介绍了西餐基础厨房的工具设备，以及从事西餐基础厨房工作的安全注意事项。同学们必须严格按照厨房工作的相关规定来完成各项工作，以保证整个厨房工作的顺利进行。

知识拓展

职业道德

道德是指人们在一定的社会里，用以衡量、评价一个人思想品质和言行的标准，是调节个人与社会之间关系的行为规范，是构成人类文明，特别是精神文明的重要内容。职业道德是人们在特定的职业活动中所应遵循的行为规范的综合。职业道德主要包括爱岗敬业、诚实守信、办事公道、服务群众和奉献社会等基本规范，时刻要将公众和社会的利益放在第一位。

职业道德与社会生活密切相关，覆盖了所有从事职业活动的人们，涵盖了全社会，所以具有广泛性、多样性、实践性、具体性的特点。烹饪从业人员的职业道德应包含以下内容。

1 忠于职守，爱岗敬业，艰苦奋斗，勤俭节约

忠于职守就是要求把自己职责范围内的事做好，发扬艰苦奋斗和勤俭办事的精神,体现了爱岗敬业的劳动态度。

2 公平交易,货真价实,讲究质量,注重信誉

菜品作为商品,即具有了商品的属性,所以菜品的货真价实就成为烹饪职业道德的重要组成部分。

3 尊师爱徒,团结协作,取长补短,共同提高

尊师爱徒是厨师行业的传统职业道德,必须继承和发扬。在尊师爱徒,团结协作的同时,互相学习和补充也是十分必要的,也是时代的要求。

4 积极进取,开拓创新,重视知识,敢于竞争

烹饪从业人员要不断积累知识,更新知识,适应原料、工艺、技术不断发展的需要,适应企业竞争、人才竞争的需要。

5 遵纪守法,廉洁奉公,不徇私情,不谋私利

一、判断题(判断正确的题目,括号内填"√",错误的填"×")

(　　)1. 西餐基础厨房也被称为备餐厨房或者肉房,是西餐厨房的一个分支部门,是对整个西餐生产部门所需的原料进行烹饪的场所。

(　　)2. 在西餐厨房中常见的伤害事故主要有切、割伤,烫伤,跌伤等。

(　　)3. 烤炉又称烤箱,是食品直接受热烘烤的加热设备。

(　　)4. 辐射式烤箱的工作原理是利用鼓风机使热空气不断地在整个烤箱内循环。

(　　)5. 微波炉加热均匀,食物营养损失少,风味较好。

(　　)6. 扒炉结构与煎灶相仿,表面也是一块铁板。

(　　)7. 多功能粉碎机由电机、原料容器和不锈钢叶片刀等组成。

(　　)8. 多功能粉碎机适宜粉碎水果、蔬菜,但不可以搅打浓汤、鸡尾酒等。

(   ) 9. 切片机主要用来切肉片。

(   ) 10. 立式万能机由电机、原料容器和不锈钢叶片刀等组成。

(   ) 11. 帽形滤器是用铁丝等编制成的网筛，用于原料余水后沥干水分。

(   ) 12. 帽形滤器用较细的铁纱网制成，一般用于过滤少司。

(   ) 13. 擦菜板呈梯形，主要用于胡椒的研磨粉碎。

(   ) 14. 厨刀主要用于切割各种植物原料。

(   ) 15. 砍刀主要用来砍剁带骨肉类。

(   ) 16. 牡蛎刀的刀身短小，刀头尖而薄，用于挑开牡蛎外壳。

二、单选题（选择一个正确的答案，将相应的字母填入题内的括号中）

1. 下列工具中（   ）最具危险性。

    （A）砧板　　　（B）蛋抽　　　（C）刀具　　　（D）擦菜板

2. （   ）的优点是能在短时间内使食物成熟上色。

    （A）对流式烤炉　　　　　　（B）微波炉

    （C）辐射式烤箱　　　　　　（D）明火焗炉

3. 微波炉是利用将电能转换成微波、通过高频电磁场对介质加热的原理，使原料分子（   ）而产生高热。

    （A）产生运动　（B）剧烈摩擦　（C）剧烈振动　（D）迅速膨胀

4. 用（   ）对菜点加工的主要优点是，加热均匀，食品营养损失少。

    （A）烧烤炉　　（B）微波炉　　（C）铁扒炉　　（D）炸炉

5. 平面煎灶主要靠（   ）热传导使食物受热。

    （A）油脂　　　（B）红外线　　（C）空气　　　（D）铁板

6. （   ）由电机、原料容器和不锈钢叶片刀等组成。

    （A）多功能粉碎机　　　　　（B）粉碎混合机

    （C）搅拌机　　　　　　　　（D）打蛋机

7. 下列原料，可用切片机操作的是（   ）。

    （A）苹果　　　（B）面包　　　（C）肉片　　　（D）蘑菇

8. （   ）主要用于打鸡蛋、面团、少司、奶油等。

    （A）打蛋机　　　　　　　　（B）搅拌机

    （C）粉碎机　　　　　　　　（D）立式万能机

9. （   ）由电机、升降装置、钢制容器和搅拌头等组成。

    （A）搅拌机　　　　　　　　（B）打蛋机

    （C）切片机　　　　　　　　（D）多功能粉碎机

10. 一般用于制汤或烩煮肉类的是（   ）。

    （A）汤桶　　　（B）少司锅　　（C）蒸锅　　　（D）奄列盘

11. 下列锅具中，在西餐烹调中的用途最广泛的是（　　）。
   （A）煎盘　　　（B）蒸锅　　　（C）汤桶　　　（D）少司锅
12. 帽形滤器用铁纱网制成，一般用于过滤（　　）。
   （A）汤汁　　　（B）少司　　　（C）油脂　　　（D）菜汁
13. （　　）主要用于烘烤面点食品。
   （A）煎盘　　　（B）奄列盘　　（C）烤盘　　　（D）平盘
14. （　　）的刀身短、宽、厚，形似中餐厨刀。
   （A）砍刀　　　（B）厨刀　　　（C）拍刀　　　（D）烤肉刀
15. （　　）的刀身较宽，且厚重，刀刃前端微翘。
   （A）厨刀　　　（B）屠刀　　　（C）砍刀　　　（D）烤肉刀

三、匹配题（下列图片与对应的名称用线连接）

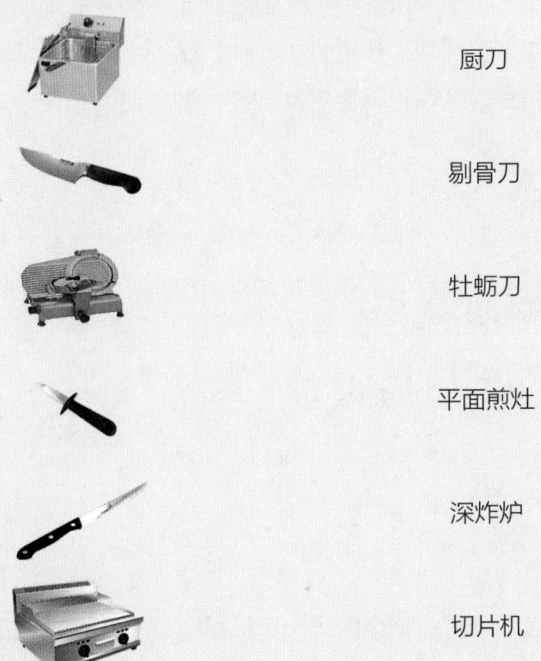

厨刀

剔骨刀

牡蛎刀

平面煎灶

深炸炉

切片机

四、思考题
1. 你认为西餐基础厨房布局有何要求？
2. 西餐基础厨房在整个厨房体系中承担着哪些任务？
3. 如果没有设立各个分工厨房可以吗？为什么？
4. 你认为应该如何正确进行西餐厨房中加工设备的操作？

五、操作题
现有一把厨刀，请在 20 分钟内将其磨锋利。

项目 2
认识西餐加工厨师

🍳 学习目标

1. 熟悉西餐加工厨师的工作流程。

2. 熟悉西餐加工厨师的工作职责。

☕ 项目描述

本项目对西餐加工厨师的工作进行了介绍,学习者可以了解到西餐加工厨师工作的流程和职责,从而可以更好地适应西餐厨房的工作,以及任务的分配。

🍽 项目任务

任务1 西餐加工厨师的工作流程

【任务导入】

西餐加工厨师的工作贯穿整个厨房一天的运营,了解西餐加工厨师的工作流程,可以让我们的厨师更好地提高工作效率。

【任务实施】

活动1 西餐厨房生产运行管理流程及人员配备

一、西餐厨房生产运行管理流程

厨房生产运行管理是指对厨房菜点的整个加工、生产、制作过程所进行的有效的、有计划的、有组织的系统管理与控制过程。西餐厨房(简称西厨房)任何菜点的出品都有很多不同的烹调生产工序,尽管由于菜点品种较多,它们的加工工艺流程是不同的,但总体来说还有不少共同点。从宏观上看，菜肴的烹制工艺流程按顺序包括如下几个阶段。

（1）食品原料的选择阶段。

（2）对原料进行预制加工阶段。

（3）对加工成形的原料进行组配阶段。

（4）加热烹调阶段。

（5）成品菜肴装盘出品阶段（图1-17）。

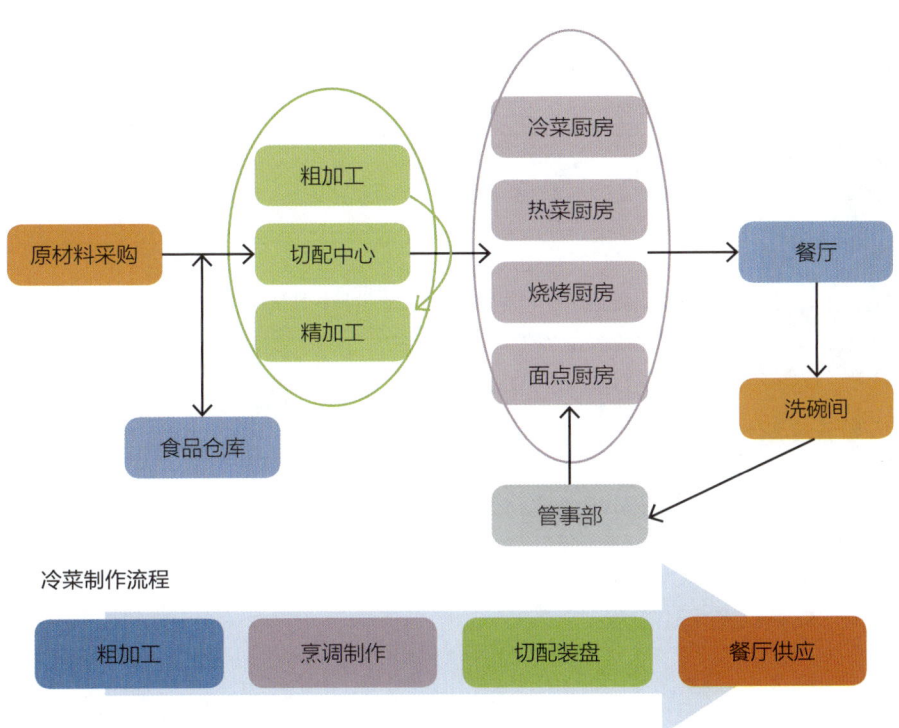

图1-17　菜肴烹制工艺流程

二、西餐厨房人员配备

西餐厨房人员的配备主要包括两层含义。一是满足生产需要的西餐厨房所有员工人数的确定；二是人员的分工定岗和合理安置。西餐厨房人员的配备不仅直接影响到劳动力成本的大小、队伍士气的高低，而且对西餐厨房生产效率、菜点产品质量以及餐饮生产经营的成败都有着不可忽视的影响。因此，不同规模、不同档次、不同规格要求的西餐厨房对员工的配备要求是不一样的，只有综合考虑以下几个方面的因素，来确定西餐厨房人员数量才是科学可行的。

西餐厨房人员数量确定的具体方法有按比例、按工作量、按岗位确定等，但一般都按照就餐餐位来确定。国际通用标准是30～50个餐位配备一名厨房人员，国内通用标准是15～20个餐位配备一名厨房人员。对一些高档、特色西餐厅，也有七八个餐位配备一名厨房人员的，但应根据实际情况灵活具体掌握。

活动2　西餐加工厨师的工作流程

每个厨房的厨师都有相应的工作流程（图1-18），厨师按照工作流程有序地进行每天的工作，才能确保整个厨房的高效运作，减少工作中的失误。

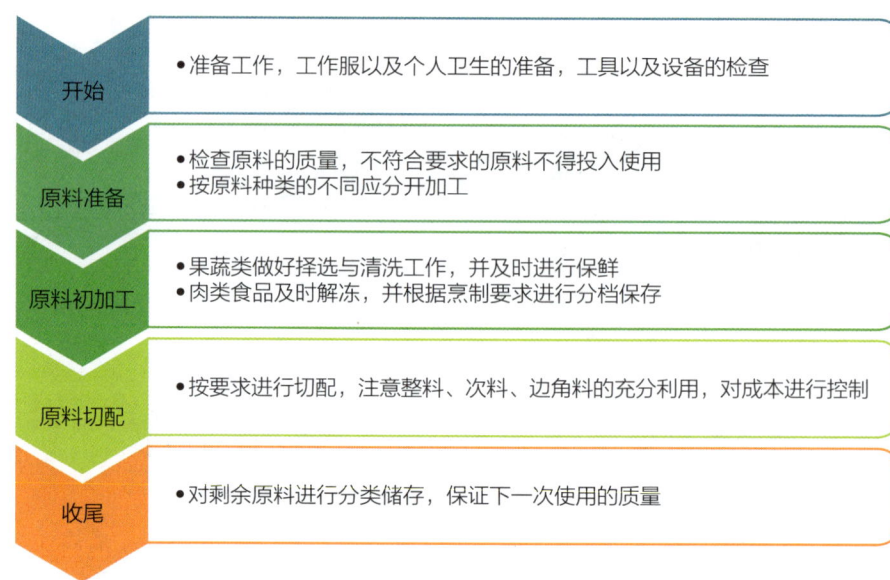

图1-18　西餐厨师工作流程

任务2　西餐加工厨师的工作职责

【任务导入】

西餐加工厨师的工作在整个西餐厨房中非常重要，是维持厨房顺利运转不可缺少的组成部分。

【任务实施】

活动1　传统的厨房人员构成

19世纪法国厨师奥克斯特·埃斯科菲尔首先对厨房组织结构进行了设计并被使用至今。其按照食品的种类，将厨房划分为不同的工作区，每个工作区内设有一名领班厨师，负责该区域的工作。通常对于较为简单的加工区域一般只有领班厨师一人，配备若干名厨师或厨工，而对于较复杂的大型厨房，加工厨房内可能分工更为细致，设若干名不同工作区域的领班厨师，每个领班厨师都会配备几个厨师员工以协助工作。

一、厨师长

厨师长负责整个厨房的事物。在大型现代饭店中，往往还有更上一级的行政总厨，但是一般行政总厨不在厨房内直接进行管理工作，一般处于幕后统筹行政工作。而厨师长实际负责每个厨房的食品制作等方方面面，包括菜单的制定、食品采购、成本核算、排班等。

二、副厨师长

副厨师长协助厨师长工作，并更加直接地制作食品。在大型饭店中，厨师长往往花费大量的时间处理行政事务。因此，厨师长负责监督管理厨房中的人员和实际操作。副厨师长在厨房中往往是经验极其丰富的厨师。

三、厨师领班

厨师领班负责每个区的工作。他们有如下分工。

（1）少司厨师领班　负责制作各种少司、炖菜、文火炖菜、炒菜等热菜，少司厨师领班通常是各区中地位最高的。

（2）鱼菜厨师领班　负责制作各式鱼类菜肴（有的地方将此区与少司区合并在一起）。

（3）蔬菜厨师领班　负责制作各式蔬菜、汤、淀粉类食物、蛋类菜肴。在大型厨房中又将其分为蔬菜厨师领班、煎菜厨师领班、汤菜厨师领班。

（4）烤肉厨师领班　负责制作各式烤肉、炖肉、肉汤、烧烤肉，大型厨房内又将其分为烤菜厨师领班、烧烤厨师领班，负责处理各式烤制食物。烤菜厨师领班和烧烤厨师领班也负责油炸的肉、鱼。

（5）冷菜厨师领班　负责制作各式冷菜如沙拉、沙拉汁、小凉菜和自助餐菜品。

（6）西点厨师领班　负责制作各式面包、蛋糕和饭后甜点。

（7）厨师及厨工　每个区都有一些厨师及厨工来协助各区的主厨工作，如在蔬菜区，厨工帮助洗菜、削皮、修剪菜叶等。随着经验的积累、技术的提高，他们会逐步被提升。

活动2　加工厨师职业标准

一个合格的职业厨师需要一定时间的培养。因此在职业学校的学习十分重要，除了职业技术以外，态度往往更为重要。而每一个出色的厨师都一直奉行着一个很好的职业态度，这就是我们所说的职业标准。

一、西餐加工厨师应具备的工作态度

（一）积极进取的工作态度

餐厅厨房的工作是紧张而刺激的，作为一名厨师不仅需要完成每天额定的工作，而且随时要面对突发状况，并且能快速做出反应，在如此紧张的工作环境中很容易使人产生厌烦的情绪，从而会用消极的态度对待工作。

一个成功的厨师，首先要尽快消除这些负面的情绪，将这些工作看成是自己学习的机会，积极总结其中的工作经验，形成一种积极进取的工作态度，从紧张刺激的工作中获取乐趣。

积极乐观的厨师工作效率也会提高，而且动作干净、利落、安全，因而也能产生令人自豪的工作成绩，在事业上带来提升。

（二）协作的能力

没有人会在只有一个人的厨房内工作，因而在厨房的环境中不但需要和同厨房的厨师们合作，同时还需要和其他部门的职员有沟通，因此餐饮业非常需要团队协作的力量，厨师必须要有与他人合作的精神和能力。当一天的紧张工作开始后，厨师们互相配合、团结协作，必定能高效率、高质量地出菜，随之也会带来成功的喜悦。

二、西餐加工厨师应具备的技术能力

（一）充沛的体力

厨房的工作劳动强度大，在繁忙的季节可能工作的时间也会加长，这需要厨师具有良好的体力，能够胜任高压状态下的工作。

（二）全面的专业知识

与西餐其他厨房相比，基础厨房的厨师需要接触众多的原料，对原料的产地、品质鉴定、营养价值、正确处理等知识需要充分掌握，才能在工作中合理加工处理各类原料，因而全面的专业知识对于西餐加工厨师来说是必需的。

（三）扎实的基本功

西餐基础厨房的一个重要作用在于节约成本，在基础厨房中厨师们根据各厨房对原料的不同需要进行分割处理，避免了各厨房自行处理原料时的浪费，因此在基础厨房中要求厨师具有扎实的基本功，才能在处理原料时尽可能减少损失，如对一条鱼的取肉，通常的出成率在85%，如果没有扎实的基本功，那就不可能做到，反而造成了原料浪费。

另外扎实的基本功也能产生高的工作效率，使西餐的各个厨房能准时收到原料，投入到正常的运营中。

（四）勤奋好学的学习精神

在烹饪的领域里总是有学不完的知识，基础厨房随时都能接触到不同的原料，这就需要厨师有勤奋好学的精神，随时学习新知识，才能拓展自己的事业。

（五）丰富的经验

丰富的经验虽然不是与生俱来的，但作为一名厨师应该善于总结工作中的经验，尽快使自己成为具有丰富工作经验的厨师，这些就需要自己做一个有心人，随时将工作中发生的、看到的事加以总结，形成自己的工作经验。

项目小结

本项目总结了西餐加工厨师的任务职责，但是在厨房实际工作中，厨师的工作往往会产生穿插，因此，除了做好本职工作以外，还需要良好的团队合作，才能更好地完成工作。

食品生产经营过程必须符合的卫生要求

（一）保持内外环境整洁，采取消除苍蝇、老鼠、蟑螂和其他有害昆虫及其滋生条件的措施，与有毒、有害场所保持规定的距离；

（二）食品生产经营企业应当有与产品品种、数量相适应的食品原料处理、加工、包装、储存等厂房或者场所；

（三）应当有相应的消毒、更衣、盥洗、采光、照明、通风、防腐、防尘、防蝇、防鼠、洗涤、污水排放、存放垃圾和废弃物的设施；

（四）设备布局和工艺流程应当合理，防止待加工食品与直接入口食品、原料与成品交叉污染，食品不得接触有毒物、不洁物；

（五）餐具、饮具和盛放直接入口食品的容器，使用前必须洗净、消毒，炊具、用具用后必须洗净，保持清洁；

（六）储存、运输和装卸食品的容器包装、工具、设备和条件必须安全、无害，保持清洁，防止食品污染；

（七）直接入口的食品应当有小包装或者使用无毒、清洁的包装材料；

（八）食品生产经营人员应当经常保持个人卫生，生产、销售食品时，必须将手洗净，穿戴清洁的工作衣、帽；销售直接入口食品时，必须使用售货工具；

（九）用水必须符合国家规定的城乡生活饮用水卫生标准；

（十）使用的洗涤剂、消毒剂应当对人体安全、无害。

一、判断题（判断正确的题目，括号内填"√"，错误的填"×"）

（　　）1. 西餐厨房的工作主要包括原料的选择、原料的预加工及烹调三项。
（　　）2. 西餐厨房人员的配备只需要满足生产需要即可。
（　　）3. 西餐厨房人员的配备必须分工定岗，并合理安置。
（　　）4. 西餐厨房人员数量确定主要是按比例、按工作量、按岗位等来确定。
（　　）5. 按照奥克斯特·埃斯科菲尔对厨房组织结构的设计，将厨房划分为不同的工作区，每个工作区内设有一名领班厨师，负责该区域的工作。
（　　）6. 通常对于较为简单的加工区域一般只有领班厨师二人，配备若干名厨师或厨工等。
（　　）7. 原料切配不属于西餐基础厨房厨师的工作。
（　　）8. 选择原料是西餐基础厨房厨师的工作流程之一。

二、单选题（选择一个正确的答案，将相应的字母填入题内的括号中）

1. （　　）对厨房的组织结构进行了设计，并被使用至今。
　　（A）安托尼·卡露米　　　　（B）奥克斯特·埃斯科菲尔
　　（C）德莱赛　　　　　　　　（D）阿奇思·奎特斯

2. 国际上通用的是（　　）个餐位配备一名厨师。
　　（A）40～60　　（B）30～50　　（C）20～40　　（D）50～70

3. 我国通用的是（　　）个餐位配备一名厨师。
　　（A）15～20　　（B）10～20　　（C）15～30　　（D）20～30

4. 一些高档西餐厅有时会（　　）个餐位配备一名厨师。
　　（A）15～20　　（B）30～50　　（C）7～8　　（D）20～30

5. 负责整个厨房的是（　　）。
　　（A）厨工　　（B）领班　　（C）副厨师长　　（D）厨师长

6. 需要协助厨师长工作，并直接制作食品的是（　　）。
　　（A）厨工　　（B）领班　　（C）副厨师长　　（D）厨师长

三、排序题（将选项进行正确的排序）

1. 菜肴的烹制按照（　　）、（　　）、（　　）、（　　）、（　　）流程生产。

    （A）成品菜肴装盘出品阶段　　（B）对加工成形的原料进行组配阶段

    （C）加热烹调阶段　　　　　　（D）对原料进行预制加工阶段

    （E）食品原料的选择阶段

2. 西餐加工厨师每天应按照（　　）、（　　）、（　　）、（　　）、（　　）流程工作。

    （A）原料初加工　　　　　　　（B）准备工作

    （C）原料切配　　　　　　　　（D）收尾

    （E）原料准备

四、思考题

1. 你知道的历史著名的厨师有哪些？请选择一个作详细介绍。
2. 现代西餐基础厨房的工作岗位有哪些？分别承担什么工作？
3. 你认为西餐加工厨师应具备什么样的工作态度？
4. 你认为西餐加工厨师需要掌握哪些技能？

模块二

西餐原料初步加工

项目 1
植物性原料的初步加工

学习目标

1. 了解蔬果类原料的特点。
2. 会正确处理蔬果类原料。
3. 培养良好的节约意识,避免浪费。

项目描述

本项目是对西餐中常见的植物性原料的初加工方法进行研究和训练,主要以当今行业主流原料为中心,从实际应用出发,使学生对植物性原料初加工的理论知识和实践能力由浅入深地进行学习。

项目任务

植物性原料的种类繁多,常见的有蔬菜、水果、粮食等,其中蔬菜(图2-1)种类很多,通常根据其可食部位可分为叶菜类、茎菜类、根菜类、果菜类、花菜类、菌类等。由于产地、上市季节和食用部位各不相同,因而它们初步加工的方法也会不相同。

图 2-1 不同种类的蔬菜

任务1 叶菜类初步加工

【任务导入】

叶菜类蔬菜是指以脆嫩的茎叶为可食部位的蔬菜(图2-2)。西餐中常用的叶菜类蔬菜主要有生菜、菠

图 2-2 叶菜类

菜、豆瓣菜、甘蓝、荷兰芹等。

【任务实施】

活动1 叶菜类的清洗

叶菜类原料含有丰富的维生素、矿物质，在西餐中常被用于制作冷菜、汤菜等，使用较广泛。叶菜类原料比较娇嫩，选择时应选新鲜脆嫩，叶片具有弹性，无虫咬痕迹的。

叶菜类原料较容易受虫害等影响，在初步加工时必须先择选，再清洗干净，择选时需将枯叶、老叶、老根及杂物等择除，叶菜类原料较易粘上泥沙和虫卵等，需轻轻抖动将其清除。择选好的原料必须经过清洗，叶菜类清洗的方法有清水清洗法、盐水清洗法及高锰酸钾溶液清洗法等（表2-1）。

表 2-1 叶菜类的常用清洗方法

清洗方法	操作过程	适用范围
清水清洗法	（1）将原料放入清水中浸泡5分钟 （2）逐个清洗原料上的泥土等杂物 （3）反复清水冲洗干净	适用于大多数蔬菜
盐水清洗法	（1）将原料放入浓度为2%的食盐溶液中，浸泡5分钟 （2）取出后用清水反复冲洗干净	适用于夏秋季时有较多虫卵的蔬菜
高锰酸钾溶液清洗法	（1）将原料放入浓度为3%的高锰酸钾溶液中，浸泡5分钟 （2）取出后用清水反复冲洗干净	适用于制作冷菜的蔬菜原料

活动2 叶菜类的储存

叶菜类原料属耐冷型的蔬菜，其呼吸代谢系统比较旺盛，容易失水而导致叶片发蔫，如果叶片上水分较多，又容易使叶片腐烂，因此叶菜类原料是最难储存的，在餐厅厨房中应遵循当天用当天进，避免在储存过程中影响菜肴的新鲜度。

叶菜类原料较适宜储存的温度为0℃左右，必须用保鲜膜包裹以防止其水分的流失，但在用保鲜膜包裹后由于室温和冰箱内温差较大，保鲜膜内层会产生结露的现象，结出的露水粘在原料上会导致原料的腐烂。为了防止原料储存时腐烂，可以采取在保鲜膜内再包一层吸水纸的方法，或经常擦拭保鲜膜的内层。

在餐厅厨房中，常将当天需要使用的叶菜类进行择选等初加工后，放置在干净的容器中，表面用保鲜膜封住，放入冷藏箱中保存，随取随用。对于放置过长的叶菜类，在使用前可将其浸泡于冰水中，可恢复其叶片的脆嫩。

训练 1　菠菜的初加工

模块二
西餐原料初步加工

训练目的

了解菠菜的种类及在西餐中的运用，学会有效地择、洗菠菜。

原料知识导入

菠菜在西餐中运用较广，可制作成菠菜泥，用于制汤或少司，也可以制作成热菜的配菜或作为制作肉卷时的辅料。菠菜通常有尖叶形和圆叶形两类，其中尖叶形含纤维较多，圆叶形叶肉肥厚，质地较嫩，比较适合制作菠菜泥。

图 2-3　菠菜

训练原料：
菠菜

训练工具：
砧板、水果刀、洗菜盆、原料盘

训练设备：
操作台、水台

1. 切去根部❶。
2. 去除菠菜的黄叶以及腐败部分❷。
3. 用水浸泡、清洗菠菜❸。
4. 沥干表面水分❹。
5. 用保鲜膜包裹❺。

成品质量要求：
1. 无黄叶残留，菜干净新鲜。
2. 叶片无折痕。

图 2-4　菠菜初加工步骤

特别提示

● 菠菜的茎部可能会含有较多的细泥，需要特别注意清洗干净。
● 菠菜的叶片比较嫩，清洗时动作要轻，否则会使叶片被揉烂，影响其外观和营养。
● 叶菜类中叶片较大的如青菜、蕹菜、洋白菜等初加工都可参照。

训练2 生菜的初加工

训练目的

了解生菜的种类及在西餐中的运用,学会有效地择、洗生菜。

原料知识导入

生菜是西餐中常用的叶菜类之一,生菜的品种有很多,有宽叶、团叶的,颜色有绿色、白色、红色和紫色的,生菜在西餐中可以生食。

图 2-5　生菜

训练原料:
生菜1棵

训练工具:
砧板、水果刀、洗菜盆、原料盘

训练设备:
操作台、水台

1. 去除生菜的黄叶、根部以及腐败部分❶。
2. 用水浸泡、清洗生菜❷。
3. 沥干表面水分,用保鲜膜包裹❸。

成品质量要求:
1. 无黄叶残留,菜干净新鲜。
2. 叶片无折痕。

图 2-6　生菜的初加工步骤

特别提示
- 生菜叶片中水分含量较多,叶片较易受损伤。
- 西餐中还有一些常生食的叶菜如菊苣等初加工与生菜相同。

训练 3　芹菜的初加工

训练目的

了解芹菜的种类及在西餐中的运用，学会有效地择、洗芹菜。

原料知识导入

芹菜有着与生俱来的特殊香味，在西餐中常作为去腥增香的蔬菜香料。可以分为以食用为主的，如西芹、药芹等，以及以装饰和香料为主要作用的，如荷兰芹、欧芹等。芹菜与菠菜、生菜的不同之处在于其纤维较粗，作为食用在初加工时要注意去除其较粗的纤维。

图 2-7　芹菜

训练原料：
芹菜 1 棵

训练工具：
砧板、水果刀（刨刀）、原料盘

训练设备：
操作台、水台

1. 择选芹菜，去除根部及腐烂部分❶。
2. 将芹菜进行清洗❷。
3. 挑选较老部分，用水果刀（刨刀）去筋❸。
4. 沥干表面水分，用保鲜膜包裹❹。

图 2-8　芹菜初加工步骤

成品质量要求：
1. 无腐烂部分，菜干净新鲜。
2. 无筋膜。

特别提示
- 如果身边没有水果刀或刨刀时也可以使用手撕，但手撕后的芹菜表面不会太光滑。
- 芹菜的清洗需要在根部位置多注意，因为那里会与土壤接触有较多的泥土。

任务2 根茎类菜初步加工

【任务导入】

根茎类蔬菜是以脆嫩的变态根、变态茎为可食部位的蔬菜（图2-9），西餐中常用的有百合、土豆、胡萝卜、洋葱、芦笋、红菜头、辣根等。

【任务实施】

活动1 根菜类的加工

图2-9 根菜类

根菜类蔬菜是以植物膨大的变态根为食用部位，由于变态根发生的部位不同，可分为直根和块根，如萝卜、胡萝卜等由植物的主根部位膨大的为直根，而由侧根部分膨大的为块根，如红薯等。

茎菜类蔬菜是以植物的嫩茎或变态茎作为食用部位的蔬菜，由于生长环境的不同，可分为地上茎和地下茎两类，如西餐中常用的芦笋属于地上茎，土豆、洋葱、大蒜等属于地下茎。

根菜类蔬菜和茎菜类蔬菜的生长环境相似，食用部位大多数都生长于泥土中，外表有比较多的泥土，但不会像叶菜类的叶片上附着虫卵，所以根茎类蔬菜的加工一般可用清水直接洗净，有些根茎类表层较厚的纤维外皮会影响食用的口感，须将其去除。去皮的方法可以使用水果刀，采用削剔的方法，但需要操作者具备良好的基本功，才能确保不浪费原料，且保持较快的速度，现代厨房为提高工作效率常使用削皮器（图2-10），但是对于一名初学者来说，使用水果刀去皮法是最为基础的一项技能。

图2-10 削皮器

活动2 根茎类的储存

根茎类蔬菜都是不耐冻的原料，因此其储存温度不宜低于0℃。在储存时间上根菜类与茎菜类有较大区别，相对来说根菜类在收获时处于休眠状态，可放置较长的时间，而茎菜类中尤其是地上茎，较娇嫩，不耐储存，在储存过程中容易出现发芽、冒苔等现象而影响食用。

土豆和胡萝卜有休眠期，适宜的低温有利于延长休眠期，3~5℃储存较好。在0℃左右时，土豆的淀粉会转化为糖，食用品质会劣变。再有，应该注意不要购买表皮发青的土豆，因为这样的土豆茄碱苷（可引发中毒）含量较表皮发白的土豆要高，存放时最好避光。红薯属冷敏性蔬菜，不可放入冰箱保存，应保存在10~14℃通风的环境下。如果温度低于9℃以下，就会受冷害，严重时产生"硬心"腐烂。温度过高薯芽萌发，导致糠心。山药属耐储蔬菜，具有休眠期，耐低温（0~2℃）、低湿保存，可用纸包好存放在阳台上。

训练 1 芦笋的初加工

训练目的

了解芦笋的种类及在西餐中的运用,学会有效地择、洗芦笋。

原料知识导入

芦笋又称石刁柏,是茎菜类的地上茎,富含多种维生素以及钙、铁等多种营养素。芦笋在不同生长期呈现的色泽是不同的,可将其分为白芦笋、紫芦笋、绿芦笋三种。芦笋在西餐中常用于制作热菜的配菜、冷菜等。

图 2-11 芦笋

训练原料:
芦笋7根

训练工具:
砧板、西餐刀、水果刀(刨刀)、洗菜盆、原料盘

训练设备:
操作台、水台

1. 用水浸泡、洗净芦笋。切除芦笋坚硬的根部❶。
2. 用水果刀(刨刀)削去芦笋较老的表皮,保留芦笋尖上嫩头的完整❷。
3. 用保鲜膜包裹❸。

成品质量要求:
1. 芦笋清洗干净,无污物。
2. 无老根,老皮去除干净。
3. 保持芦笋嫩头完整,无折断。

图 2-12 芦笋的初加工步骤

特别提示
- 芦笋尽量挑选较细嫩、短小的,在初加工时可以少去除一些老根,提高原料的出成率,降低菜肴的成本。
- 芦笋的麦穗状嫩头不但食用时口感好,而且具有一定的装饰效果,在初加工时要轻拿轻放,保持其完整。

训练2 土豆的初加工

训练目的

了解土豆的品种特点及在西餐中的运用，学会清洗土豆和去皮。

原料知识导入

土豆是我们最熟悉的原料，也是西餐中使用频率最高的蔬菜原料之一。土豆有许多品种，通常在西餐中常用淀粉含量较高的黄皮土豆，其口感糯且香。在西餐中土豆的制作方法很多，可以炸薯条、薯饼等，可以烤土豆等，可以煮土豆球，还可以制作土豆泥等，不同的做法搭配不同的主菜，另外土豆中的淀粉还可以使汤菜或少司增稠。

图 2-13　土豆

训练原料：
土豆1个

训练工具：
砧板、水果刀、原料盘

训练设备：
操作台、水台

1. 土豆用水清洗干净，准备好削皮用的水果刀❶。
2. 用水果刀将洗净的土豆先去除两头（削旋法）❷。
3. 土豆中间部的皮用直削法去除❸。
4. 将土豆清洗干净浸泡于水中❹。

图 2-14　土豆初加工步骤

成品质量要求：
1. 皮上不带多余的肉。
2. 原料表面光洁不毛糙，无腐烂，无土豆皮残留。

> **特别提示**
>
> 🌱 土豆去皮后会发黑，是因为土豆中的多酚类物质与空气中的氧发生氧化褐变所致，去皮土豆可以浸泡于水中隔绝与氧的接触。
>
> 🌱 发芽的土豆会产生龙葵素而导致食物中毒，在土豆初加工时首先应进行挑选，去除发芽严重的土豆。

训练3 胡萝卜的初加工

模块二
西餐原料初步加工

训练目的

了解胡萝卜的品种特点及在西餐中的运用,学会清洗胡萝卜和去皮。

原料知识导入

胡萝卜属根菜类,富含胡萝卜素、糖、钙等营养素,在西餐中既可作为蔬菜使用,用于制作汤、热菜配菜、少司等,也可作为去腥增香的香料使用。

图 2-15 胡萝卜

训练原料:
胡萝卜2根

训练工具:
砧板、西餐刀、水果刀(刨刀)、原料盘

训练设备:
操作台、水台

1. 削去胡萝卜顶部的根❶。
2. 清洗胡萝卜❷。
3. 用水果刀(或刨刀)削去表皮❸。
4. 用水果刀削去腐烂部位❹。
5. 用保鲜膜包裹❺。

成品质量要求:
1. 皮上不带多余的肉。
2. 原料表面光洁不毛糙,无腐烂,无胡萝卜皮残留。

图 2-16 胡萝卜初加工步骤

特别提示
- 胡萝卜的表皮较薄,去除时需注意力度,去除过度会造成浪费,使菜肴成本上升。
- 手指胡萝卜的处理是相同的,但手指胡萝卜常用于热菜的配菜中,去皮时更应注意保持其外形,在菜肴中可起到美观的作用。

任务3 果菜类及水果类初步加工

【任务导入】

果菜和水果都是以植物和果实或种子作为可食部位的，西餐中常用的果菜类有黄瓜、番茄、茄子、甜椒、扁豆、荷兰豆、豌豆等（图2-17），水果类有苹果、西瓜、柠檬等，其中果菜类中黄瓜、番茄等能生食，但不是所有的果菜类都能生食。果菜类与水果类原料都具有相似的外表。

图2-17　果菜类

【任务实施】

活动1　果菜类及水果类的加工

果菜类是植物的果实或种子为食用部位的蔬菜，通常可将其分豆类、茄果类及瓠果类三种，其中豆类蔬菜中又可分以食用豆粒为主和豆粒、豆荚皆食两种。

豆粒与豆荚皆食的原料在加工时需去除豆荚两头，并撕去豆荚两边的筋，尤其需要注意豆荚上是否有被虫咬过的痕迹，若有被虫咬，必须将咬过的位置去除，再用清水洗净。如果是只食用豆粒的豆类蔬菜，需先将外表清洗干净，再除去豆荚。

茄果类、瓠果类和水果类原料，需先将其外表的污物清洗干净，再进行依次去蒂、去籽等，对于一些直接生食的蔬菜须用0.3%的高锰酸钾溶液浸泡5分钟，再用清水冲净。

活动2　果菜类及水果类的储存

果菜类蔬菜一般都较耐储存，部分水果较耐储存，在环境条件恰当时，可储存较长时间。通常其储存温度一般在7~8℃，如果在储存时用保鲜膜包裹，具有保持水分，降低呼吸的作用。

这类蔬菜是属于冷敏性的，保存的温度一旦过低，容易造成冷害，使蔬菜的营养流失，色泽、口感、质地等劣变。特别需要注意的是，不太熟的番茄对低温更加敏感，所以保存温度最好在10℃左右，而已经熟了的红色番茄短期储藏温度应在2℃。还有，刺少的黄瓜品种较耐储存，适宜的储存温度为10~12℃。

训练 1　番茄的初加工

模块二
西餐原料初步加工

训练目的

了解番茄的品种及在西餐中的运用，学会番茄的清洗和去皮去籽。

原料知识导入

番茄又称西红柿，含有丰富的维生素C、矿物质和糖，根据其颜色可分为红色、粉色及黄色等，还有果型较小的樱桃番茄，在西餐制作中尤其是意大利菜中使用广泛，在汤、热菜、少司中常用红色番茄，增加菜肴的色泽，樱桃番茄常被用于制作冷菜和热菜的配菜。

图 2-18　番茄

训练原料：
番茄1个

训练工具：
砧板、西餐刀、水果刀、原料盘、少司锅

训练设备：
操作台、水台

1. 番茄用水浸泡、清洗。在番茄顶部用刀轻轻划十字刀❶。
2. 将番茄放入90°左右的水中，烫10秒钟左右❷。
3. 取出后用冷水或冰水浸泡，去除外皮❸。
4. 用水果刀将蒂部去除❹。
5. 根据需要，将番茄切成四份，去籽❺。
6. 沥干表面水分，用保鲜膜包裹❻。

成品质量要求：
1. 皮上不带多余的肉。
2. 番茄不因煮烫而过熟。

图 2-19　番茄初加工步骤

特别提示

- 通常需要进行去皮加工的是大番茄，樱桃番茄通常只需清洗干净即可。
- 番茄放在沸水中煮时要注意时间，时间过长会使番茄过于酥烂，无法进行后面的切配成形。
- 煮过的番茄立即用冷水冲，利用热胀冷缩的原理，可不费力使表皮剥离。
- 果菜类中其他如黄瓜、茄子、南瓜等去皮都可使用刀或刨刀直接去除，但需要注意的是辣椒去皮，不能用上述两种方法，必须用火或烤箱烤，使辣椒的肉质酥烂后方可去除。

训练2 荷兰豆的初加工

训练目的

了解豆荚类的品种及在西餐中的运用,学会择选和清洗荷兰豆。

原料知识导入

荷兰豆属于豌豆的一种,含有丰富的维生素、矿物质等营养素,能增强人体的新陈代谢。在西餐中常用于热菜的配菜,也具有一定的菜肴装饰作用。

图 2-20 荷兰豆

训练原料:
荷兰豆50克

训练工具:
洗菜盆、原料盘、水果刀

训练设备:
操作台、水台

1. 荷兰豆用水浸泡、洗净❶。
2. 洗净的荷兰豆用水果刀,从尖端切入,不切断,顺势将一边的筋拉出,同样去除另一边的顶端及筋❷。
3. 沥干表面水分,用保鲜膜包裹❸。

成品质量要求:
1. 荷兰豆上的蒂和筋去净。
2. 荷兰豆保持完整,且基本保持两端形状。

图 2-21 荷兰豆初加工步骤

特别提示
- 荷兰豆是豌豆中食用豆荚为主的,还有以食用其中豆为主的,在初加工时将豆清洗干净后将豆荚剥开后取其中的豆即可。
- 荷兰豆在择取两头时尽量不要择取太多,避免浪费,还可保留其形状,在制作菜肴时有装饰的作用。

训练3 苹果的初加工

模块二
西餐原料初步加工

训练目的

了解苹果的品种、特性及在西餐中的运用,学会苹果的清洗和去皮。

原料知识导入

苹果是世界四大水果之一,是最常见的一种水果,因为较耐储藏,所以几乎一年四季都能见到它的身影。苹果通常根据采摘季节可分为夏季苹果和秋季苹果两类,相对而言秋季苹果果实较甜,且耐储藏。在西餐中苹果常用于制作冷菜、甜点,在一些热菜中还可作为调味剂,调节甜酸度,丰富菜肴的口味。

图 2-22 苹果

训练原料:
苹果2个、食盐适量

训练工具:
砧板、洗菜盆、原料盘、水果刀

训练设备:
操作台、水台

1. 将苹果用水浸泡、洗净❶。
2. 洗净的苹果用水果刀去皮(削旋法)❷。
3. 观察去皮的苹果是否有斑痕,如果有切去或挖去❸。
4. 水中加入少量食盐❹。
5. 过一下稀释的盐水❺。
6. 用保鲜膜包裹❻。

成品质量要求:
1. 皮上不带多余的肉。
2. 原料表面光洁不毛糙,无斑痕,无变色发黑。

图 2-23 苹果初加工步骤

特别提示
- 苹果去皮使用的刀法与土豆等相同,考验的是厨师的刀工,皮上残留的果肉越少,越能体现技能水平,同时也能避免浪费。
- 苹果与土豆相同,去皮后也容易发生氧化褐变,所以苹果尽量在使用前去皮,去皮后不立即使用的可浸泡于食用水、稀柠檬水或稀盐水中。
- 水果中的梨、桃等水果去皮与苹果相同。

# 训练 4　甜橙的初加工

训练目的

了解甜橙的品种及在西餐中的运用,学会清洗甜橙和去皮。

原料知识导入

甜橙属柑橘类水果,是世界四大水果之一。柑橘类分为橘、柑、橙三类,橙是最难去皮的。在西餐中常用橙来制作甜点、热菜少司等。

图 2-24　甜橙

训练原料:
甜橙 1 个

训练工具:
砧板、原料盘、水果刀

训练设备:
操作台、水台

1. 将甜橙表面洗净❶。
2. 切除甜橙头和根部❷。
3. 将甜橙竖起用刀削去表皮❸。
4. 用保鲜膜包裹冷藏❹。

图 2-25　甜橙初加工步骤

成品质量要求:
1. 皮上不带多余的肉。
2. 原料表面光洁不毛糙。

特别提示
- 甜橙去皮时要做到皮不带肉,肉不带皮,如果肉上带皮不但影响口感,而且其中的果胶类物质也会影响口感。
- 甜橙的皮也可以作为香料或装饰物使用,但需将里面白色的膜去除干净。
- 水果中个体较大的水果如西瓜、哈密瓜、菠萝等也适合用此法。

任务4 花菜类初步加工

【任务导入】

花菜类（图2-26）是指以植物的花为可食部位的原料。西餐中最常用的有花椰菜、西蓝花、朝鲜蓟等，也有干制的黄花菜。如今的西餐流行使用一些可食用的有机花（图2-27）作为菜肴的装饰。对于有机花无须初加工，只需使用时放入冰水中浸泡使其恢复新鲜即可，其他的花菜类容易产生昆虫污染，所以必须进行初加工清洗干净。

图2-26 花菜类

图2-27 可食用的有机花

【任务实施】

活动1 花菜类的加工

一、择选

除去茎叶，削去花蕾上的疵点，然后分成小朵。

二、清洗

花菜内部易留有虫卵，可用2%的盐水浸泡后，再用清水洗净。

活动2 花菜类的储存

因花菜放在一般室温下容易开花，所以一定要将花菜放入保鲜袋，再放到冰箱冷藏室保存。花菜食用部分是其花球。花菜同甘蓝、白菜的属性、特点一样，属耐寒适宜低温储藏的蔬菜。储藏中的主要问题是失水萎蔫、出现褐色斑点及腐烂，乙烯对加速花菜变质也有一定影响。花菜储藏适宜温度为-1℃~0℃，相对湿度90%~95%，并设法吸收乙烯。

焯熟花菜的保存：

（1）挑选坚硬、密实的花菜。

（2）将花菜在盐水里浸泡几分钟，去除菜上的虫害及残余的农药。

（3）将花菜洗净，分成小朵，用滚水烫一下，放入凉开水内过凉，捞出沥净水。

（4）降至室温，放入保鲜袋或保鲜盒中，放入冰箱内0℃左右速冻保存，可保存6~8周。

训练 1　西蓝花的初加工

训练目的

了解西蓝花的特点及在西餐中的运用，学会西蓝花的初加工。

原料知识导入

西蓝花也称意大利花椰菜，含有蛋白质、糖、脂肪、维生素等营养物质，在选择西蓝花时应选择其花蕾尚未打开、色泽常绿的，否则色泽会呈黄绿色，不但影响美观，而且营养也会有所损失。西餐中西蓝花使用较广泛，可用于制作冷菜、热菜的配菜等。

图 2-28　西蓝花

训练原料：
西蓝花1棵

训练工具：
砧板、洗菜盆、原料盘、水果刀

训练设备：
操作台、水台

1. 检查整棵西蓝花，如花部有变色，用水果刀削去❶。用水果刀将西蓝花的分枝处分离成小朵。
2. 小朵的西蓝花用清水或盐水浸泡并洗净❷。
3. 切去茎部的老根和叶子❸。
4. 切去老根和叶子的茎部用清水洗净❹。
5. 用水果刀将外面的老皮剥离❺。
6. 沥干表面水分，用保鲜膜包裹❻。

图 2-29　西蓝花初加工步骤

成品质量要求：
1. 原料干净新鲜。
2. 无变色。

特别提示
- 西蓝花在储存过程中还会生长，如果时间过长，花蕾会逐渐打开，颜色也会变黄，所以西蓝花不宜放置较长时间，通常需要时根据用量采购。
- 白花菜的初加工与西蓝花相同。

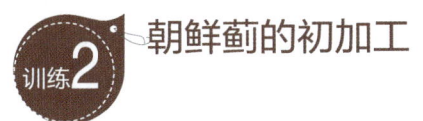

训练2 朝鲜蓟的初加工

训练目的

了解朝鲜蓟的特点及在西餐中的运用,学会处理朝鲜蓟。

原料知识导入

朝鲜蓟也称洋蓟、洋百合等,含有蛋白质、糖、维生素、矿物质等营养素。在西餐中朝鲜蓟常用于制作汤菜、热菜配菜等。

图 2-30 朝鲜蓟

训练原料:
朝鲜蓟1棵

训练工具:
砧板、原料盘、西餐刀、水果刀

训练设备:
操作台、水台

1. 用西餐刀将朝鲜蓟的根部切除❶。
2. 剥去外层老皮❷。
3. 用水果刀挖出菜心。用清水浸泡、洗净❸。
4. 沥干表面水分,用保鲜膜包裹❹。

成品质量要求:
原料干净新鲜,无腐败。

图 2-31 朝鲜蓟初加工步骤

特别提示
◆ 朝鲜蓟必须煮熟后食用,不能生食。

任务5 食用菌类初步加工

【任务导入】

食用菌类是以耳类、非褶菌、伞菌组成的可食用大型真菌的总称,主要有鲜蘑、木耳等(图2-32)。

图2-32 食用菌

【任务实施】

活动1 食用菌类的加工

由于食用菌非常地稚嫩,容易受伤变色,不易保存,所以通常初步加工时只需去除根部,用干布擦拭表面即可,只有在使用前用清水稍作冲洗。

活动2 食用菌类的储存

菌类营养价值极高,但它也极难保存,很容易出现失水、开伞、褐变、产生异味等现象。采取热水焯或盐水浸泡后沥干水分,用薄膜包装的方法可延长保存期,但其营养成分也会随之损失。我们可以将菌类用吸水性强的纸包裹一下,然后再包上保鲜膜,放在0℃左右的环境中保存,并在2～3日内食用。

一、影响菌类保鲜的主要因素

(1)温度 温度越高菌类保鲜越差。0～4℃是菌类保鲜的适温。除速冻外,0℃以下易造成冻害。

(2)水质 水中铁或铜含量超过2mg/L时,菌类色泽变暗、变褐,故禁用铁、铜器皿与工具。

(3)湿度 要求95%～100%。低于90%色泽变暗,易开伞变质。

(4)气体组成 是导致菌类腐烂的重要原因,可利用杀菌及调节pH来抑制。

(5)酶活力 多酚氧化酶是引起菌类褐变的主要原因。

二、菌类的保鲜方式

菌类的保鲜方式有气调保鲜、冷藏保鲜、速冻保鲜、化学药物保鲜和盐水保鲜等。其中冷藏、速冻和气调保鲜效果最好。

(1)气调保鲜 用0.05mm厚PE袋用特殊物理方法处理,对菌类进行简易气调储藏,在3～5天内保持鲜嫩不开伞,基本无褐变,失水率低于1%。

目前采用透气性的塑料薄膜袋包装，袋内保持1%氧浓度，10%～15%二氧化碳浓度，可使蘑菇在4天内保持洁白，保鲜度佳。

（2）冷藏保鲜　低温能保持菌类新鲜和优质。在储运期间，保持温度0～3℃，相对湿度90%～95%最宜。

（3）速冻保鲜　在30～40分钟内，将菌类由常温速降至-40～-30℃，冻菇中心湿度应在-20℃，然后在-18℃下冻藏，可长期保持原有的品质与风味。速冻工艺为：原料验收—洗清—护色—漂洗—人工分级—抽空气—烫漂—一次冷却—二次冷却—速冻—精选—包冰衣—包装—冻藏—运输。

（4）化学药物保鲜　防腐清洁剂：10～20mg/L的山梨酸钾和苯甲酸钠；20mg/L的亚硫酸钠；10mg/L苯莱特；5～10mg/L多菌灵或甲基托布津。漂洗增白剂：0.1%～0.5%焦亚硫酸钠漂洗5～6分钟；0.1%～0.2%焦亚硫酸钠另加10mg/L鸟嘌呤溶液。防止变色剂：用0.01%～0.1%二甲胺琥珀酰胺酸浸泡10分钟，捞起沥干置经消毒的塑料袋中密封，在0～4℃下可保鲜6～8天不变色；用0.02%～0.05%抗坏血酸溶液浸泡10～20分钟，总时间不能超过4小时，菌类在结菇时、了菇时和采收前均喷稳定态二氧化氯，效果显著。总之，采用抗坏血酸、柠檬酸为主的食品添加剂配制的保鲜液加入到质量相等的、用0.25%焦亚硫酸溶液浸泡10分钟后用清水漂洗20～30分钟、沥干后的鲜菌类储藏，不仅可解远距离储运变质问题，还给加工厂家带来了经济效益。

（5）盐水保鲜　将烫煮后菌类立即置于19°Be食盐溶液中盐渍，数天后添加适量精盐，继续维持19°Be食盐溶液。经4～6天，质量和酸碱度均稳定即可封存保鲜。

鲜蘑的初加工

训练目的

了解鲜蘑的特点及在西餐中的运用，学会处理鲜蘑。

原料知识导入

鲜蘑是食用菌中最常见的品种，通常食用菌都含有较丰富的蛋白质、维生素及矿物质等营养素，且具有特殊的香味，较为常见的食用菌有鲜蘑、香菇、草菇、木耳等，西餐中用的珍贵食用菌有羊肝菌、松露、松茸等。

图2-33　鲜蘑

训练原料：
鲜蘑50克

训练工具：
洗菜盆、原料盘、干布

训练设备：
操作台、水台

1. 用干布去除鲜蘑表面的脏物❶。
2. 用清水将鲜蘑洗净❷。
3. 用保鲜膜包裹❸。

图 2-34　鲜蘑初加工步骤

成品质量要求：
原料干净新鲜。

特别提示

- 食用菌都是较为鲜嫩的，所以初加工时必须小心，不能有破损，尤其是鲜蘑破损的地方会氧化褐变。
- 食用菌若不立即制作菜肴，则其初加工时应用水果刀切除鲜蘑的老根部分，因为一旦遇水食用菌就不耐储存了。

项目小结

植物性原料的初加工方法是具有规律性的，相对其他原料，对植物性原料，我们更重视其新鲜程度，独具特色的植物性原料是考验厨师加工速度的一类原料，往往很难进行保存。在一天的工作中往往对同一批植物性原料要反复检查以免造成批量腐败。

植物性原料的颜色分类

植物性原料除了按照可食部位分为叶菜类、根菜类、茎菜类等，还可以按原料的颜色分为绿色、白色、红色等，在西餐菜肴制作时需要很好地利用这些颜色，既可满足营养的需要，又可增加菜肴的色泽，达到美观的效果。

1 绿色蔬菜

绿色蔬菜中含有丰富的叶绿素，它是一种不稳定的色素，在烹调过程中需要正确使用，因为绿色蔬菜遇酸会变色，遇碱能保持绿色但会破坏维生素，因此在烹调时必须不加锅盖煮，使蔬菜中的酸充分挥发；缩短烹调时间，长时间的烹调会使叶绿素被破坏。

在西餐中很多绿色蔬菜被直接食用，如各种生菜等，能很好地保持绿色蔬菜的营养。

2 白色蔬菜

白色蔬菜中含有黄酮，使蔬菜颜色呈现出白色，常见的有土豆、花菜、卷心菜等。黄酮在酸中会显示白色，因此为使白色蔬菜保持白色，可以在烹调时加入一些柠檬汁或黄油汁，但值得注意的是酸味也可以使蔬菜变硬而影响口感。长时间的烹调会使白色蔬菜变成黄色或灰色。

3 红色蔬菜

蔬菜中较多的花色素可使其呈现漂亮的红色，如番茄、红辣椒和红菜头等。红色素对酸和碱都较敏感，酸可以使红色素显现出红色，而碱则使红色素变成蓝绿色，因此在烹调红色蔬菜时记得加入一些酸性物质，使制作出的菜肴色泽漂亮。

在西餐菜肴中常用的番茄因自带有酸味物质，因此通常不会在烹调时加入酸味物质，但在红菜头的加热烹调时必须加入酸味物质，才能保持其亮丽的颜色。

4 黄色和橙色蔬菜

黄色和橙色蔬菜是因为含有胡萝卜素，也是一种维生素，常见的有胡萝卜、玉米、甘薯等，胡萝卜素非常稳定，不易受酸、碱的影响。

想一想 练一练

一、判断题（判断正确的题目，括号内填"√"，错误的填"×"）

（　）1. 植物性原料根据可食部位常被分为叶菜类、茎菜类、根菜类、果菜类、花菜类和菌类。

（　）2. 叶菜类是以茎为可食部位的。

（　）3. 根茎类蔬菜只能用水果刀去皮或去老茎。

（　）4. 直接生食的蔬菜必须用0.3%的氯亚明水和高锰酸钾溶液浸泡5分钟，再用清水冲净。

（　）5. 叶菜类不易受虫害的影响。

（　）6. 食用菌是最易保存的原料。

（　）7. 对于新鲜的食用菌可以直接用干布擦去泥土。

二、单选题（选择一个正确的答案，将相应的字母填入题内的括号中）

1. 下面植物性原料属于叶菜类的是（　　）。
　　（A）黄瓜　　　（B）生菜　　　（C）红菜头　　　（D）花椰菜

2. 下面植物性原料属于根菜类的是（　　）。
　　（A）黄瓜　　　（B）生菜　　　（C）红菜头　　　（D）花椰菜

3. 下面植物性原料属于果菜类的是（　　）。
　　（A）黄瓜　　　（B）生菜　　　（C）红菜头　　　（D）花椰菜

4. 使用（　　）可使植物性原料保持脆嫩。
　　（A）稀盐水　　（B）稀柠檬水　（C）稀糖水　　　（D）冰水

5. 花菜的储存温度是（　　）。
　　（A）-4℃～0℃　（B）-1℃～0℃　（C）-1℃～4℃　（D）1～4℃

三、思考题

1. 除了苹果初加工时需要在稀柠檬水中浸泡防止变色外，你知道还有哪些植物性原料需要这样做？

2. 常用的去除植物性原料中虫害的方法有哪些？

3. 如果你在西餐基础厨房从事植物性原料的初加工可以学习到哪些知识与技能？

四、操作题

1. 今天西餐厅将使用生菜、黄瓜、土豆、胡萝卜、番茄、芦笋、蘑菇、西蓝花、橙子来制作菜肴,请你迅速并规范地完成这些原料的初加工,并完成下列的表格。

原料名称	原料质量 /g	初加工后原料的质量 /g	出成率 /%
生菜			
黄瓜			
土豆			
胡萝卜			
番茄			
芦笋			
蘑菇			
西蓝花			
橙子			

2. 与其他同学的表格进行对比,分析差别原因。

项目 2 动物性原料的初步加工

学习目标

1. 了解动物性原料的特点。
2. 熟悉畜禽类原料不同部位的正确使用方法。
3. 能根据要求正确进行禽类的分档。
4. 能根据要求正确进行鱼类的分档。
5. 能根据要求正确进行其他水产类原料的处理。

项目描述

在西餐中动物性原料使用较为广泛，在现代厨房中，很多动物性原料虽然不需要宰杀，但对于基础厨房的厨师来说掌握动物性原料的骨骼结构、肉质特点等，也是不可缺少的专业技能，而动物性原料的分档准备更是基础厨房中必须完成的工作。

项目任务

任务 1 畜类原料的初步加工

【任务导入】

畜类原料是以牛、猪、羊等牲畜为代表的原料，含有丰富的蛋白质、脂肪、矿物质及维生素等营养素，在西餐中运用较为广泛。畜类原料从饲养、宰杀、贮藏到使用部位等都会影响肉质。

【任务实施】

活动1 畜类原料的分档

动物体在生长过程中身体各部位活动状况不同，导致各部位的肌肉纤维粗细不同，使肉质嫩度不同，经常运动的部位，肌肉纤维较粗，肉质较老，相反不常运动的部位肌肉纤维较细，肉质较嫩。畜类原料的分档就是将畜类原料不同部位的肉分割下来，根据不同的肉质特点，选用合适的烹饪方法，做到物尽其用。

一、牛肉的分档

牛的个体较大，在屠宰后一般先被分为对称的两半，从背部由上到下露出每半边的脊柱截面，用刀在第12和第13根肋骨之间切下，分为前体和后体，前体包括肩部肉、胸肉、前腿肉、前腹肉及肋背肉，后体则包括腹部肉、腰部肉和后腿肉（图2-35），不同部位的肌肉由于运动程度的不同，肉质会有区别（表2-2）。

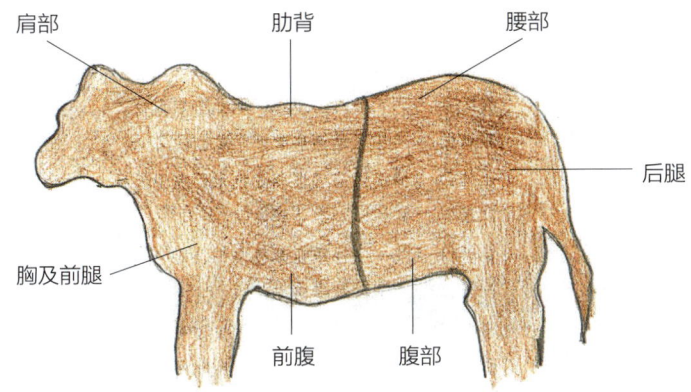

图 2-35 牛肉的分档

表 2-2 牛肉各部位肉质特点和加工方法

名称	比重	部位	肉质特点	加工方法	适宜烹调方法
肩部	占牛体总质量的28%左右	部分脊骨、第1～5根肋骨、肩胛骨和前上腿骨及肌肉	结缔组织含量高、肉质粗老	肉块、出骨肉卷、绞牛肉馅	焖、烩、炙烤、铁扒或烧烤
胸及前腿	占牛体总质量的8%左右	部分肋骨、胸骨、胫骨及肌肉	胸肉肉质较老，但含有大量脂肪 前腿肉质较老，但含有大量胶原蛋白	取骨、绞牛肉馅	制汤、烩、焖
肋背	占牛体总质量的10%左右	第6～12根肋骨和脊骨及肌肉	肉质细嫩，含较多脂肪	带骨制成烧烤肋排 去骨制成肉眼	烧烤

续表

名称	比重	部位	肉质特点	加工方法	适宜烹调方法
前腹	占牛体总质量的9%左右	部分短肋骨和肋骨及肌肉	含丰富的结缔组织	加工成牛腩、短肋排	铁扒、焖
腰部	占牛体总质量的15%左右	第13根肋骨和部分脊骨及肌肉	肉质最细嫩，牛柳就来自于这一部位	不同部位可分为各类牛排、西冷及牛柳等	炙烤、铁扒、烧烤、煎
腹部	占牛体总质量的6%左右	牛体的下部肉，无骨	肉质较老，含较多的脂肪和结缔组织	整块加工成牛腹排、绞牛肉馅	炙烤、铁扒、焖
后腿	占牛体总质量的24%左右	后大腿、小腿、尾巴及肌肉	肉质老	大腿可去骨制成牛肉卷	烧烤、焖、制汤

在牛的分档中腰部，也就是牛里脊部位，是西餐菜肴的重要原料，不同的加工方式可以形成不同的牛排（图2-36），制作成各类牛排菜肴。

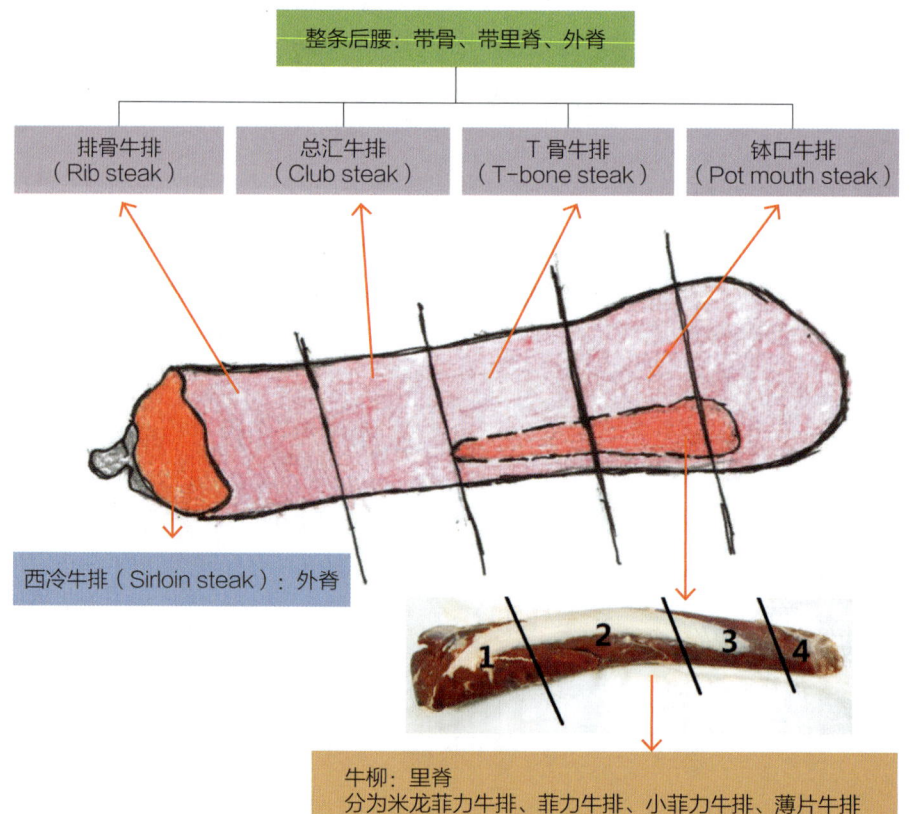

图2-36　牛中腰的分档

二、小牛肉的分档

小牛是出生后2~10个月的牛，由于个体尚未成熟，因此整体肉质较牛肉更为细嫩，汁液充足且脂肪含量少。小牛肉个体较小，在屠宰后不需要纵切，直接从第12和第13根肋骨之间切下，分为前扇和后扇即可，相较于牛肉其分档较粗，分为肩部、胸及前腿部、肋背部、腰部和后腿部五个部分（表2-3）。

表 2-3 小牛肉各部位肉质特点和加工方法

名称	比重	部位	肉质特点	加工方法	适宜烹调方法
肩部	占牛体总质量的21%左右	部分脊骨、第1~4根肋骨、肩胛骨和前上腿骨及肌肉	结缔组织含量高、肉质较粗老	肉块、去骨填馅、绞牛肉馅	焖、烩、烧烤
胸及前腿	占牛体总质量的16%左右	部分肋骨、肋软骨、胸骨、胫骨及肌肉	含大量的软骨和丰富的脂肪及结缔组织	切成大块、绞牛肉馅	烩、焖
肋背	占牛体总质量的9%左右	第5~11根肋骨、脊骨及肌肉	肉质细嫩	加工成肉排或去骨	铁扒、嫩煎、焖
腰部	占牛体总质量的10%左右	第12~13根肋骨，包括肋骨上的腰眼肉、里脊肉	肉质最细嫩	可带骨或去骨	炙烤、铁扒、烧烤、嫩煎
后腿	占牛体总质量的42%左右	后腰、后腿，包括脊骨、尾骨、臀骨、大腿骨、胫骨及肌肉	肉质较细嫩	加工成整块切成净肉片	烧烤、焖、烩、煎

三、羊肉的分档

羊肉是西餐菜肴中常出现的原料，羊和小牛的分割相似，也是直接从第12和第13根肋骨之间切下，分为前扇和后扇，将其分为肩部、胸部、鞍部、腰部和后腿部五个部分（图2-37），依据其肉质特点分别使用不同的加工方法和烹调方法（表2-4）。

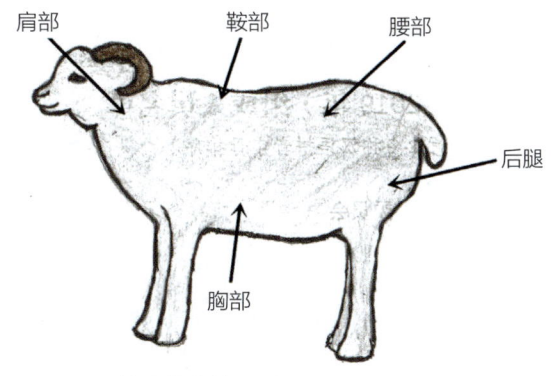

图 2-37 羊肉的分档

表 2-4　羊肉各部位肉质特点和加工方法

名称	比重	部位	肉质特点	加工方法	适宜烹调方法
肩部	占羊体总质量的36%左右	第1~4根肋骨、肩胛骨、颈骨、前小腿骨及肌肉	骨多肉少	切小块、绞羊肉馅	烩、铁扒、炙烤
胸部	占羊体总质量的17%左右	胸、前腿、胫骨及肌肉	肉质较老	可去骨或带骨、绞羊肉馅	焖
鞍部	占羊体总质量的8%左右	第5~12根肋骨、脊骨及肌肉	肉质细嫩	加工成羊排或整块	铁扒、煎、烧烤、炙烤
腰部	占羊体总质量的13%左右	第13根肋骨，包括部分脊骨、腰眼肉、里脊肉及腹部	腰部肉质最细嫩腹部肉质略差	去骨或带骨成羊排、腰眼肉可加工成小件肉片	炙烤、铁扒、烧烤、煎
后腿	占羊体总质量的34%左右	包括脊骨、尾骨、髋骨、臀骨、胫骨及肌肉	肉质较嫩	去骨或带骨，或加工成肉馅	烧烤、铁扒、炙烤

四、猪肉的分档

猪肉在西餐中也常有运用，其分档更加简单，将其分为肩部、颈背部、腹部、腰背部和后腿部五个部分（图2-38），依据其肉质特点分别使用不同的加工方法和烹调方法（表2-5）。

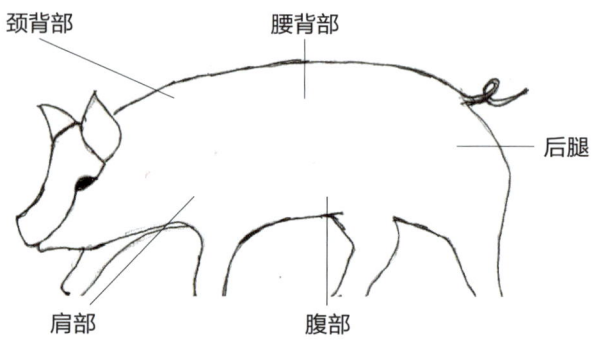

图 2-38　猪肉的分档

表 2-5　猪肉各部位肉质特点和加工方法

名称	比重	部位	肉质特点	加工方法	适宜烹调方法
肩部	占猪体总质量的20%左右	前上腿骨、胫骨及肌肉	肉质较老	去骨	烩、焖、制汤
颈背部	占猪体总质量的7%左右	少量脊骨及肌肉	肉多质嫩，含丰富脂肪	加工成肉排或去骨烟熏	铁扒、煎

续表

名称	比重	部位	肉质特点	加工方法	适宜烹调方法
腹部	占猪体总质量的16%左右	肋骨及肌肉	肥瘦相间	加工成排骨和五花肉或加工成培根	铁扒、烧烤、焖
腰背部	占猪体总质量的20%左右	整个肋骨、腰部及肌肉	肉质细嫩	里脊肉加工成厚片腰眼肉去骨加工成培根，也可加工成猪排	炙烤、铁扒、烧烤、煎、焖
后腿	占猪体总质量的24%左右	包括髋骨、后腿骨、胫骨及肌肉	肌肉较多，结缔组织少	去骨或带骨或加工成肉馅	烧烤

活动2　畜类原料的质量

畜类原料是较为大型的动物性原料，通常在餐厅厨房中不会出现整件原料，在畜类的屠宰场中进行统一的屠宰，分割成不同部位的大件，在基础厨房中将根据其不同的肉质特性，分割成小份供不同的厨房制作菜肴。

一、畜类原料肉质变化四阶段

畜类原料在宰杀后其肉质不是一成不变的，由于肉中含有各种分解酶，在宰杀后酶仍然具有活性，在不同的温度、湿度条件下会使肉质产生一定的变化，通常将这些变化分为尸僵、成熟、自溶及腐败四个阶段（表2-6）。

表2-6　畜类原料的肉质变化

名称	含义	肉质特点	食用价值	储存性
尸僵阶段	动物性原料死后产生的躯体僵直失去弹性阶段	肉弹性差，无香味，肉表面水分多，不易煮烂，肉汤浑浊	不宜直接烹饪	适宜储存
成熟阶段	当尸僵到达顶点后肉质会逐渐变得柔软，恢复弹性	肉质柔软，富有弹性，表面微干，肉的横切面多汁，气味芳香，味道鲜美且鲜嫩	具有较高的食用价值	不适宜储存
自溶阶段	肉类原料中的自溶酶继续分解肉质，肉质变得更加松弛	肉质柔软而松弛，产生不新鲜的气味，外表开始湿润黏滑，肉色呈暗红色	无食用价值	不适宜储存
腐败阶段	自溶后的肉受微生物的影响，肉质分解并产生恶臭味	肉质表面发黏，肉色继续变暗，并呈灰绿色，肉汁浑浊并有腐败的臭味，产生毒素	严禁食用，否则会引起食物中毒	不能储存

根据肉质的四个阶段，畜类原料在宰杀后为维持原料的高品质，需要对原料进行尸僵、软化，这一过程在屠宰工业中被称为熟成。熟成是依据

pH、温度、时间来决定肉类原料的软化度。经过熟成的肉品不仅肉质柔嫩,且口感和香味也更趋于饱和,因为原料中水分从肌肉组织中蒸发而使其风味更集中,而肉本身的酶也会分解肌肉中的结缔组织,使得肉质变得更软嫩。熟成根据环境的不同可分为湿式和干式两类(表2-7)。

表 2-7 畜类原料的熟成方式

湿式熟成	在冷藏运销的同时,在真空袋内利用原料本身的酶及微生物,增添原料的风味
干式熟成	不加任何包装置于恒温、恒湿控制的冷藏熟成室中,利用原料本身的酶及外在的微生物来增加原料的风味

二、畜类原料储存

在厨房中厨师能接触到的畜类原料通常采用冷鲜和冷冻两种储存方式(图2-39),其中冷冻的肉类原料在使用前需进行解冻,解冻过程中由于冻结的汁液会有部分流出,因此不同的解冻方法对肉质也会产生影响(表2-8),所以必须遵循缓慢解冻的原则,即解冻越缓慢,对营养的损失就越少。

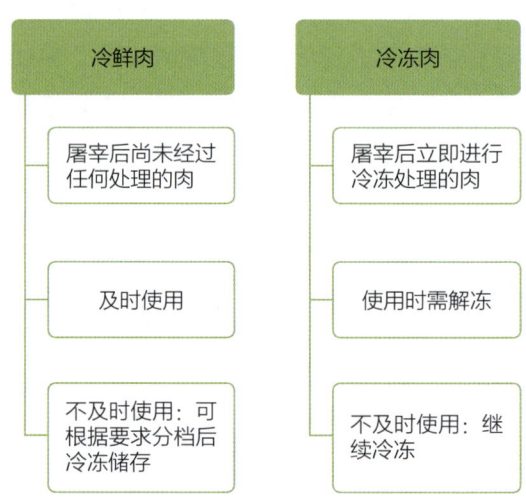

图 2-39 肉类原料的储存方式

表 2-8 畜类原料的解冻方法

名称	解冻方法	解冻时间	营养变化
冷藏解冻法	冻肉放在冷藏冰箱中解冻	最长	肉中的水分及营养成分损失最少
空气解冻法	冻肉放在 12～20℃ 的室温下自然解冻	较长	肉中的水分及营养成分损失较少

续表

名称	解冻方法	解冻时间	营养变化
水泡解冻法	冻肉放入冷水中解冻	传热快，时间较短	解冻后的肉营养成分损失较多，肉的鲜嫩程度降低
微波解冻法	利用微波炉解冻	时间短，比较方便	处理不好会对肉质造成破坏

三、畜类原料的腐败变质

畜类原料的品质在厨房中常用感官法来判定，虽然不及理化分析、微生物分析更加精确，但确是厨房中最实用、快捷的方法，感官判定通常可将肉类分为新鲜、不新鲜及腐败三种品质（表2-9），其中不新鲜的肉虽可食用，但营养价值不大，而腐败肉完全不能食用，食用后甚至可引起食物中毒。

表2-9 肉类新鲜度的鉴别

外观

| 新鲜肉：有光泽，断面呈淡红色，不黏，肉汁透明 | 不新鲜肉：暗灰色，断面潮湿，肉汁浑浊，有黏液 | 腐败肉：呈灰暗色，带有绿色，很黏，并会发霉 |

硬度

| 新鲜肉：肉质紧密，有弹性 | 不新鲜肉：弹性小 | 腐败肉：无弹性 |

气味

| 新鲜肉：富有畜肉特有的气味 | 不新鲜肉：具有酸气或霉臭气 | 腐败肉：浓厚的腐败臭气 |

脂肪

| 新鲜肉：脂肪分布均匀，有光泽 | 不新鲜肉：脂肪呈灰色，无光泽，有轻微酸败味 | 腐败肉：脂肪呈淡绿色，有强烈的酸败味 |

牛菲力的初加工

训练目的

了解牛肉不同部位的肉质特点,学会正确加工牛菲力,并进行分割。

原料知识导入

牛菲力是西餐热菜中最常用的动物性原料之一,它位于牛的后腰,是牛肉中肉质最嫩的部位。整条牛菲力不同的部位老嫩度略有不同,在西餐菜肴制作中可用于煎、烤等烹调技法。

图 2-40　牛菲力

训练原料:
牛菲力1条

训练工具:
剔骨刀、砧板、西餐刀、水果刀

训练器皿:
原料盘、8寸平盘

1. 使用剔的刀法将牛菲力表面的筋膜去除❶❷。
2. 按照肉质的纹理,将菲力依次分成米龙菲力牛排、菲力牛排、小菲力牛排、薄片牛排4块❸❹❺。
3. 整理后装盘❻。

成品质量要求:
1. 牛菲力表面没有多余的筋膜。
2. 牛菲力表面刀口平整。
3. 去除的筋膜不带肉。

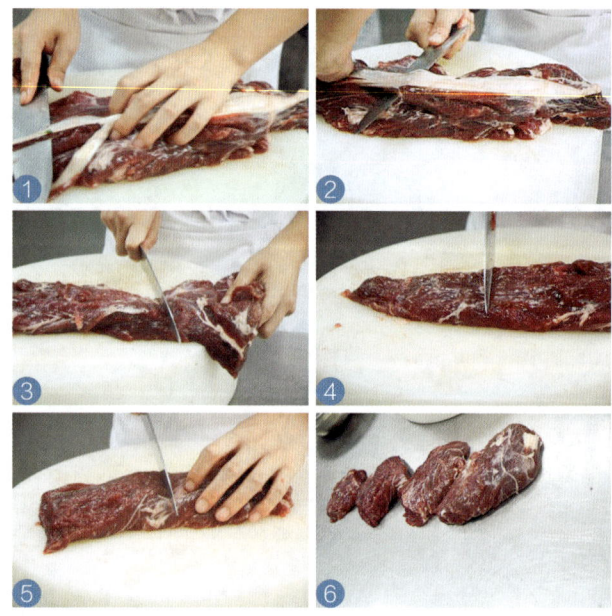

图 2-41　牛菲力初加工步骤

特别提示
- 去筋膜时先用刀尖从筋膜的中间挑起,再贴着筋膜用刀刃割下。
- 如果去除的筋膜上带有较多肉,就影响了原料的出成率。

训练2 猪排的初加工

模块二 西餐原料初步加工

训练目的

了解猪排的结构，会进行猪排的分档切片。

原料知识导入

猪排是猪体中的带骨外脊，在西餐中可用于制作带骨的热菜菜肴，也可以去骨使用，其肉质相对较嫩，常用在西餐热菜菜肴中，可用于煎、炸等菜肴。

图 2-42 猪排

训练原料：
猪排肉1条

训练工具：
斩骨刀、砧板、西餐刀

训练器皿：
原料盘、8寸平盘

1. 去掉猪排表面的脂肪❶。
2. 在猪排肉的中心顺纤维切一刀❷。
3. 片出需要的猪排肉厚度，再剁断骨头❸。
4. 整理后装盘❹。

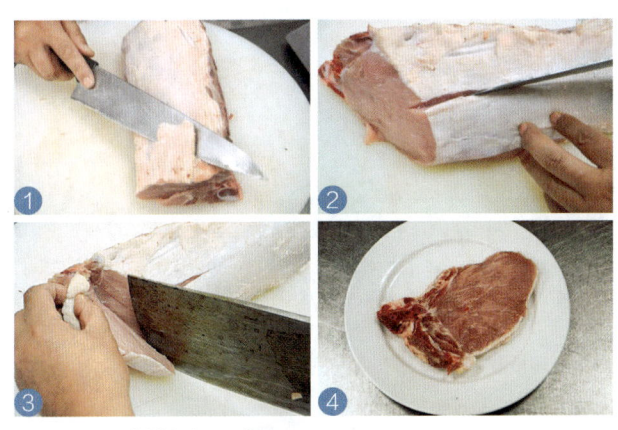

图 2-43 猪排初加工步骤

成品质量要求：
1. 猪排表面没有多余的脂肪。
2. 猪排表面刀口平整。

特别提示 ◆ 猪排表面存在一定的筋膜，在烹饪时与肌肉的收缩度不同，会造成制作的菜肴不美观，初加工时可以在猪排的外表面划一刀。

训练3 羊排的初加工

训练目的

了解羊肉不同部位的肉质特点,学会正确加工羊排,并进行分割。

原料知识导入

羊排是西餐热菜中的重要原料之一,与牛排不同之处在于牛排通常是不带骨的,羊排通常带肋骨,因此在初加工过程中与牛排不同。

图 2-44 羊排

训练原料:
七指羊排1块

训练工具:
剔骨刀、砧板、西餐刀、水果刀

训练器皿:
原料盘、8寸平盘

1. 去除羊排的外层脂肪,剔除筋膜。
2. 将整块羊排按肋骨方向切成一块块的羊排❶。
3. 用剔骨刀将肋骨上沿的多余肉刮除,略微将里脊整形即可❷。

成品质量要求:
1. 羊排去筋膜,肋骨表面光洁无碎肉。
2. 筋膜不带肉,以保证最高的净料率。
3. 保证肉块组织完整。

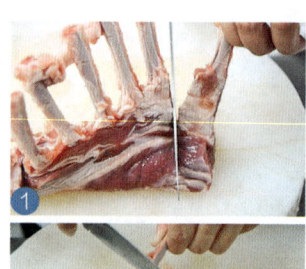
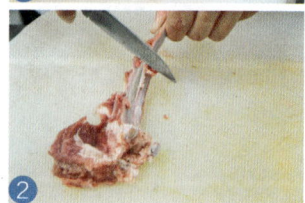

图 2-45 羊排初加工步骤

特别提示
- 羊肋骨上的筋膜较难去除,需要掌握好技巧。
- 羊排肉容易散,在初加工时需注意。

任务2　禽类原料的初步加工

【任务导入】

禽类原料是指鸡、鸭、鹅、鸽等烹饪原料（图2-46），在餐饮业中使用普遍，尤其是鸡肉和火鸡在西餐中非常受欢迎。禽类原料相对其他肉类，特别是去除表皮的禽肉，脂肪和胆固醇的含量极少，蛋白质含量高，营养价值较高。

图2-46　禽类原料

【任务实施】

活动1　禽类原料的宰杀与分档

禽类原料的个体较小，在餐厅的厨房中常依据需要，以活禽、未开膛的死禽及净膛禽形式进货（图2-47），在基础厨房中再根据各厨房的使用需要进行初加工。

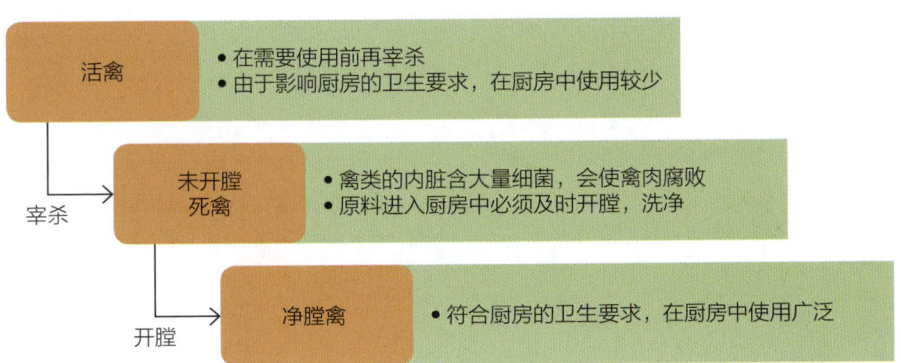

图2-47　禽类原料的宰杀

一、禽类原料的宰杀

禽类原料根据情况必须经过宰杀，才能符合烹饪需要，宰杀时需要依次进行放血和煺毛的过程。

1. 放血

禽类原料的放血是释放原料血液，使其死亡的过程。在这个过程中可以取得禽类的血液，其在一些地区也是重要的烹饪原料。

在宰杀禽类前，先备好一个干净的器皿，在器皿中放少许食盐和适量的冷水，但在冬季需要使用温水。在宰杀时需要用左手握住禽类的翅膀，左手小指勾住禽类的右腿，而左手的拇指和食指必须捏住禽类的颈脖，用右手拔去少许颈毛，用刀割断气管和血管，将血液放入器皿中。在这个过程中必须要注意收紧颈皮，并且用手指捏到鸡颈骨的后面，可以防止割伤自己的手指。

2. 煺毛

在禽类被放尽血液后，需要将禽类身上的羽毛煺尽，煺毛时需要先用热水浸泡，使禽体上的毛孔张开，才能轻松煺毛。煺毛时所用热水的温度根据禽类的品种、老嫩程度及季节有不同的选择（表2-10）。水温是否合适，可以用禽的脚试，如果禽脚浸泡热水后，其脚衣能轻易脱下，说明水温合适，反之则表明水温太低，如果禽脚浸泡后变形，且脚衣难脱，表明水温太高。

表 2-10 不同情况的禽类煺毛温度对比

影响因素		水温
禽类的品种	鹌鹑	55~60℃
	鸽	60~65℃
	鸡	65~70℃
	鹅	70~75℃
	鸭	75~80℃
禽肉老嫩	嫩禽	60~70℃
	老禽	80℃
季节	夏季	65~70℃
	冬季	80℃

二、开膛

禽类的开膛通常有腹开、肋开、背开等方法，选择何种开膛方法需要根据制作的菜肴要求来确定（表2-11）。

表 2-11 禽类开膛方法

开膛方法	制作过程	适用范围
腹开	• 在禽体的颈右侧的脊椎骨处开一刀口，取出嗉囊 • 在肛门与肚皮之间开一条约6~7cm长的刀口 • 轻轻拉出内脏，洗净	适用范围广泛
肋开	• 在禽体的右翼下开口 • 从开口处将内脏取出，同时把嗉囊拉出，洗净	烧烤类菜肴
背开	• 从禽体的颈根部至肛门处，用刀将背脊骨切开 • 取出内脏和嗉囊，洗净	铁扒类、瓤馅类菜肴

三、禽类原料的分档

禽类原料经过宰杀、开膛后就将进入分档的加工阶段,禽类的分档就是根据菜肴制作的要求,将禽类分割为所需要的大小,在西餐烹饪中禽类通常有整只、两大块、四大块、八大块及鸡排等分档方法(表2-12)。

表2-12 禽类分档的方法

分档方法	操作要领	适用菜肴
整只去骨	从颈根部将禽整骨取出	制作批类菜肴
	从脊骨处入刀,将脊骨取出,再取出胸骨	整只烧烤,需进行捆扎
两大块	从脊骨、胸骨中线下刀,将家禽一分为二,剁去脊骨,撕去胸骨	铁扒类、烧烤类菜肴
四大块	先制作出两大块,再每块一分为二,成胸肉和腿肉两块	针对中等个头或较大的禽类,在菜肴装盘时能体现到各部位禽肉
八大块	制作出四大块后,分割出两大腿、两小腿、两胸肉、两翅膀	针对中等个头或较大的禽类,在菜肴装盘时能体现到各部位禽肉
鸡排	整禽剔下带翅胸肉,将翅中、翅尖去除,剔净翅根上的肉和皮	带骨卷类菜肴

活动2 禽类原料的质量

禽类原料个体虽小,但在宰杀后多为整体运输、销售,较易受温度影响导致个体腐败变质。作为一名厨师,必须对原料的质量进行判定,将不新鲜的原料拒之于加工前,确保食品安全。

一、禽肉的腐败变质

禽类原料中使用最多的当属禽肉,在西餐中可以用禽肉制作各类菜肴,因此禽肉的质量把关相当重要。与畜肉原料相同,可根据其质量将禽肉分为新鲜肉、不新鲜肉和腐败肉,而禽肉的质量判定可根据其嘴、眼、皮肤、肌肉、脂肪的新鲜度来确定(图2-48)。

二、蛋的腐败变质

禽类原料中蛋类主要有鸡蛋、鸭蛋、鹌鹑蛋、鸽蛋等,西餐菜肴中不用鸭蛋,而鹌鹑蛋与鸽蛋常在高档菜肴中使用。西餐中最常用的当属鸡蛋,它既可作为主要原料用在早餐、冷菜等菜肴中,也可以作为辅料使用起到上浆等作用,尤其在制作蛋黄酱等少司时,由于要使用生鸡蛋,且不加热,所以鸡蛋的新鲜度显得尤为重要。

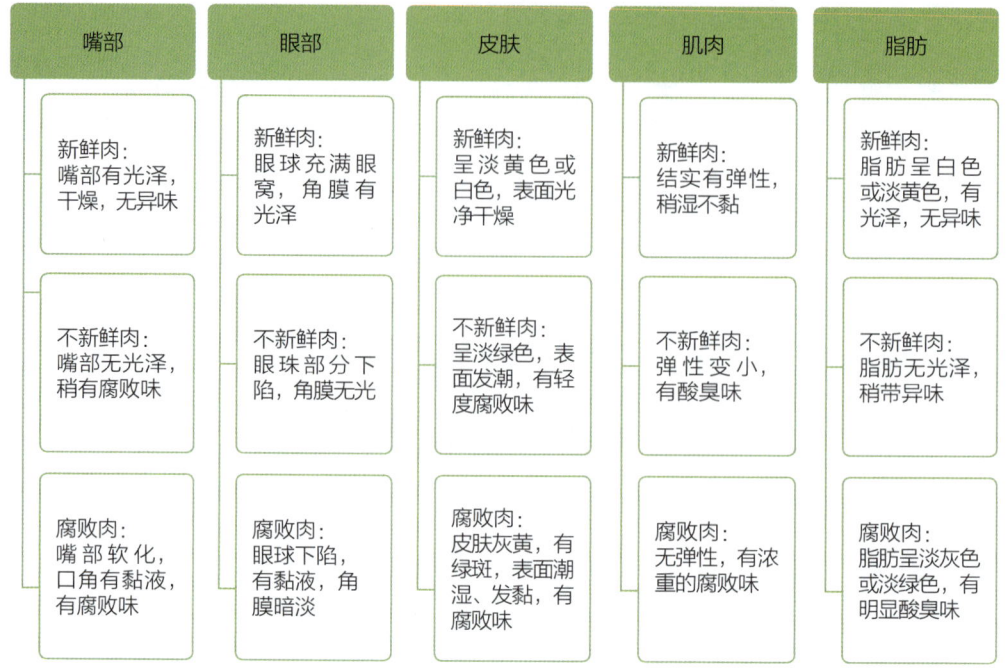

图 2-48 禽肉的质量判定

蛋的结构主要分为蛋壳、蛋白和蛋黄三个部分，随着蛋的质量变化，这三个部分都会产生变化（表2-13），但最容易观察到的是蛋壳质量的变化，蛋白和蛋黄的质量变化在不破坏蛋壳前提下，只能用光照法来进行检查，即将蛋对着光，如果观察到内部通透，无黑点，说明鸡蛋是新鲜的，反之就表明鸡蛋开始变质。

表 2-13 蛋的质量变化

蛋品结构	特点	质量变化
蛋壳	占全蛋质量的11%，主要由外蛋壳膜、石灰质蛋壳、内蛋壳膜和蛋白膜组成，其中蛋白膜与石灰质蛋壳形成的气室可用于鉴别蛋品的新鲜度	新鲜蛋品的外壳膜完好，无花斑，表面粗糙，有一层雾状粉末 蛋品发生质量变化后，会体现为蛋壳破碎、雾状粉末消失、气室逐渐变大等
蛋白	占全蛋质量的58%，是一种胶体物质	新鲜蛋品胶体较浓稠，蛋品越不新鲜，胶体越稀
蛋黄	占全蛋质量的31%，由系带、蛋黄膜、胚胎和蛋黄内容物组成	蛋黄质量变化主要集中在系带和蛋黄膜 （1）系带 起固定蛋黄作用，蛋品越不新鲜，系带弹性越差，蛋黄越靠近蛋壳 （2）蛋黄膜 蛋品不新鲜，蛋黄膜会逐渐消失，成为散黄蛋

新鲜的蛋品在储存、运输过程中会逐渐产生质量变化，依次会出现陈蛋、裂纹蛋、出汗蛋、贴皮蛋等，直至无法食用（图2-49）。

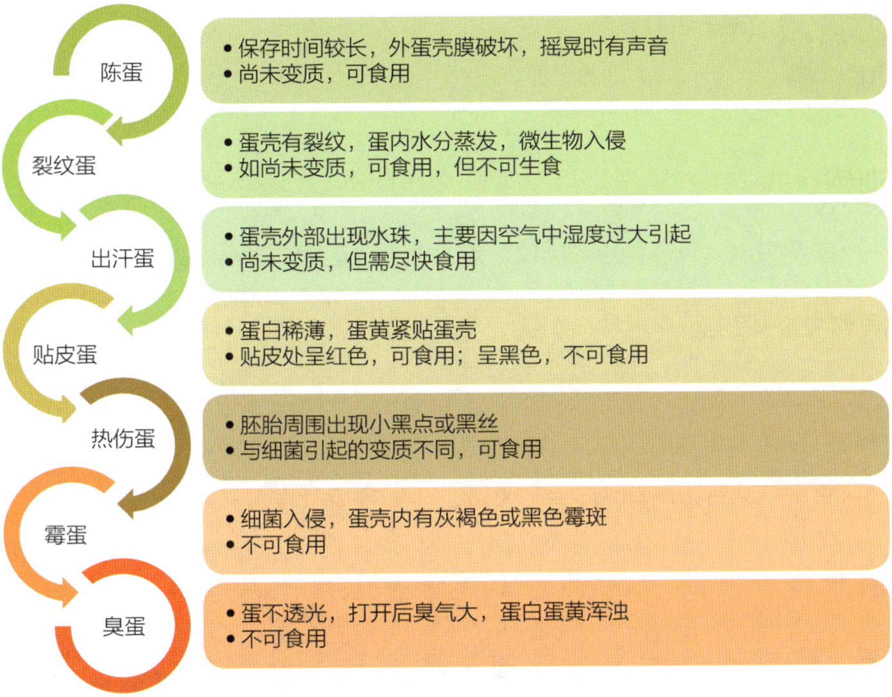

- 陈蛋
  - 保存时间较长，外蛋壳膜破坏，摇晃时有声音
  - 尚未变质，可食用
- 裂纹蛋
  - 蛋壳有裂纹，蛋内水分蒸发，微生物入侵
  - 如尚未变质，可食用，但不可生食
- 出汗蛋
  - 蛋壳外部出现水珠，主要因空气中湿度过大引起
  - 尚未变质，但需尽快食用
- 贴皮蛋
  - 蛋白稀薄，蛋黄紧贴蛋壳
  - 贴皮处呈红色，可食用；呈黑色，不可食用
- 热伤蛋
  - 胚胎周围出现小黑点或黑丝
  - 与细菌引起的变质不同，可食用
- 霉蛋
  - 细菌入侵，蛋壳内有灰褐色或黑色霉斑
  - 不可食用
- 臭蛋
  - 蛋不透光，打开后臭气大，蛋白蛋黄浑浊
  - 不可食用

图 2-49　蛋的质量变化

三、鹅肝的质量

鹅在西餐中肉质用得不多，但鹅肝却是西餐中的高档原料，而且产鹅肝的鹅也是经过特殊饲养的，只有肝脏含有大量脂肪的才能作为原料在西餐菜肴中使用。质量上等的鹅肝可从其色泽、硬度和质感上进行判定（图2-50）。

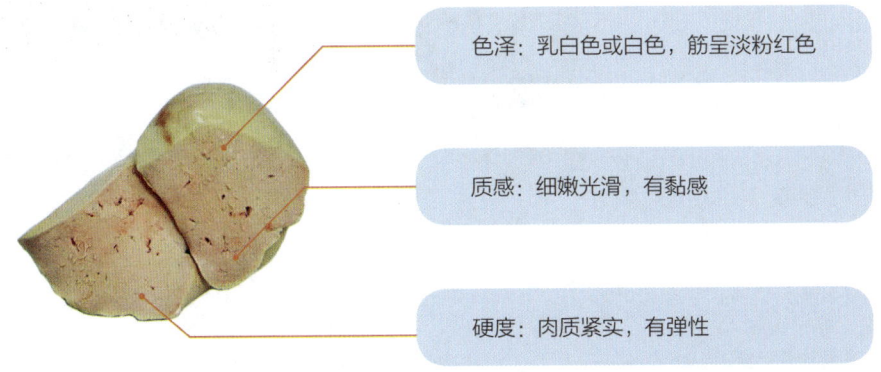

色泽：乳白色或白色，筋呈淡粉红色

质感：细嫩光滑，有黏感

硬度：肉质紧实，有弹性

鹅肝在西餐厨房中应遵循随进随用原则，不能储存时间过长，未用完的鹅肝应真空保存于冰水中。

图 2-50　鹅肝的质量判定

训练 1　整鸡出骨

训练目的

了解家禽的骨骼构造和肉质特点，会进行正确的整鸡出骨。

原料知识导入

家禽中的鸡在西餐中使用较多，使用方式多样，可以使用翅膀、腿、鸡胸等进行各类菜肴的制作，比较特殊的是整鸡出骨，是将鸡完整进行脱骨，在菜肴中常用拆下的鸡做填馅等处理后，制作成开胃菜等菜肴。

图 2-51　整鸡

训练原料：
整鸡1只

训练工具：
西餐刀、水果刀、砧板

训练器皿：
原料盘、8寸平盘

1. 切去鸡爪，鸡颈开刀，将颈骨与皮分离❶。
2. 背部切开，将鸡皮拉至鸡身❷。
3. 用手慢慢将鸡肉与鸡骨分离❸。
4. 鸡肉拉至大腿时，将大腿骨向背部用力折，并用刀将腿骨与鸡身的关节分离❹。
5. 最后将鸡肉与鸡骨架完全分离❺。
6. 整只鸡肉上翅膀与腿骨去除❻。

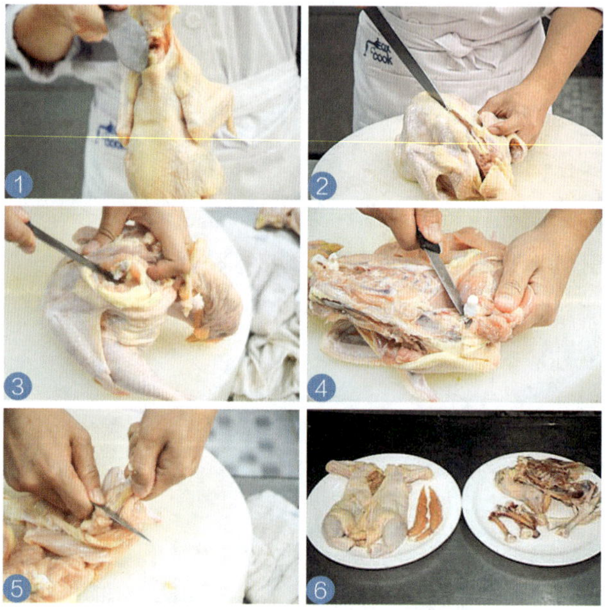

图 2-52　整鸡出骨步骤

成品质量要求：
1. 表皮无破损。
2. 骨不带肉、肉不带骨。
3. 外表整洁美观。

特别提示

- 整鸡出骨的难点在于要保持鸡皮的完整，由于鸡皮较嫩，在出骨时用力不当，容易造成鸡皮的破损。
- 尽量保持内部肌肉的完整，碎肉较少。

训练2 整鸡切割（一块法）

训练目的

了解家禽的骨骼构造和肉质特点，会整鸡的一块切割方法。

原料知识导入

整鸡的一块切割法通常是用于烧烤类的菜肴，可将整鸡的形态加以改变，使烤制时受热均匀。

图 2-53　整鸡分块

训练原料：
整鸡1只

训练工具：
西餐刀、竹扦、砧板

训练器皿：
原料盘、8寸平盘

1. 切去鸡爪、鸡尾、鸡头及鸡颈❶。
2. 从尾部的脊骨处下刀，将脊骨完全切开❷。
3. 从切开的脊骨处将鸡身平展，鸡肉压平❸。
4. 取2根竹扦，一根从鸡翅穿过鸡胸固定，另一根穿过两个鸡腿固定❹。

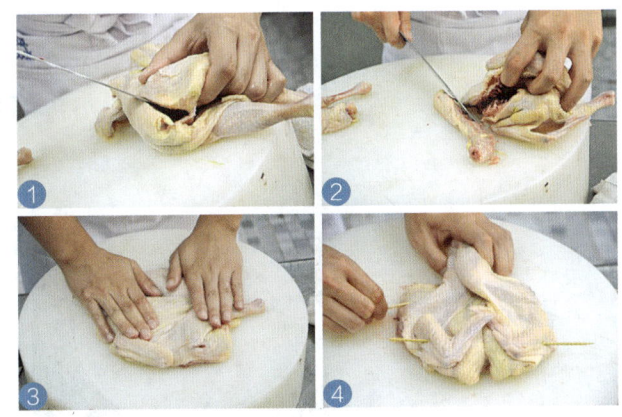

图 2-54　鸡的分块步骤

成品质量要求：
1. 脊骨下刀处平整。
2. 鸡身干净，整洁。

> **特别提示**　一块法的切割较为简单，但必须掌握鸡的脊骨生长状况，才能确保刀口的平整。

训练3 整鸡切割（两块法）

训练目的

了解家禽的骨骼构造和肉质特点，会整鸡的两块切割方法。

原料知识导入

整鸡的两块切割法通常是用于烧烤类及铁扒类的菜肴，与一块法相比较，只是上菜时量上的减少。

图 2-55　整鸡（两块法）

训练原料：
整鸡1只

训练工具：
西餐刀、砧板

训练器皿：
原料盘、8寸平盘

1. 切去鸡爪、鸡尾、鸡头及鸡颈❶。
2. 从尾部的脊骨处下刀，将脊骨完全切开❷。
3. 切开腹部，将鸡身完全分开，成左右2块❸。

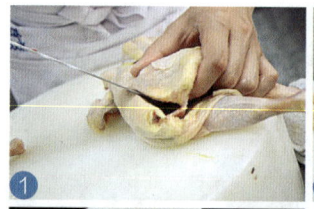 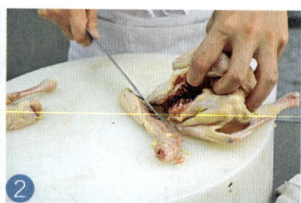

图 2-56　整鸡切割（两块法）步骤

成品质量要求：
1. 脊骨及腹部下刀处平整。
2. 鸡身干净，整洁。
3. 两片鸡身大小相同。

特别提示

- 两块法的切割较为简单，但必须掌握鸡的脊骨生长状况，才能确保刀口的平整。
- 分为两块的鸡身只有均匀分割，才能确保大小相同。

 ## 训练 4　整鸡切割（四块法）

模块二
西餐原料初步加工

训练目的

了解家禽的骨骼构造和肉质特点，会整鸡的四块切割方法。

原料知识导入

整鸡的四块切割法使用的鸡身较大，同样也适用于体形稍大的禽类，常用于制作烤制、烩制类等菜肴。

图 2-57　整鸡（四块法）

训练原料：
整鸡1只

训练工具：
西餐刀、砧板

训练器皿：
原料盘、8寸平盘

1. 切去鸡爪、鸡尾、鸡头及鸡颈❶。
2. 从尾部的脊骨处下刀，将脊骨完全切开❷。
3. 切开腹部，将鸡身完全分开，成左右两块❸。
4. 两片鸡身分别从鸡腿和鸡胸的中间下刀切开❹。

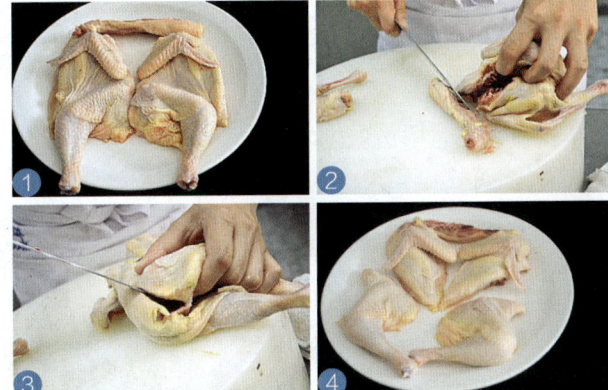

图 2-58　整鸡切割（四块法）步骤

成品质量要求：
1. 脊骨及腹部下刀处平整。
2. 鸡胸完整。
3. 鸡身干净，整洁。

> **特别提示**
> ♣ 四块法的切割是在两块法切割的基础上形成的，通常两块法能完全掌握，则四块法就较简单了。
> ♣ 切割时鸡胸肉完整是衡量成功与否的标准。

训练 5　整鸡切割（八块法）

训练目的

了解家禽的骨骼构造和肉质特点，会整鸡的八块切割方法。

原料知识导入

整鸡的八块切割法使用的鸡身较大，同样也适用于体形稍大的禽类，常用于制作烩制或焖制类菜肴。

图 2-59　整鸡（八块法）

训练原料：
整鸡 1 只

训练工具：
西餐刀、砧板

训练器皿：
原料盘、8 寸平盘

1. 切去鸡爪、鸡尾、鸡头及鸡颈❶。
2. 从尾部的脊骨处下刀，将脊骨完全切开❷。
3. 切开腹部，将鸡身完全分开，成左右两块❸。
4. 两片鸡身分别分割成鸡翅、鸡胸、鸡大腿、鸡小腿四部分❹。

成品质量要求：
1. 鸡块下刀处平整。
2. 鸡胸完整。
3. 鸡身干净、整洁。

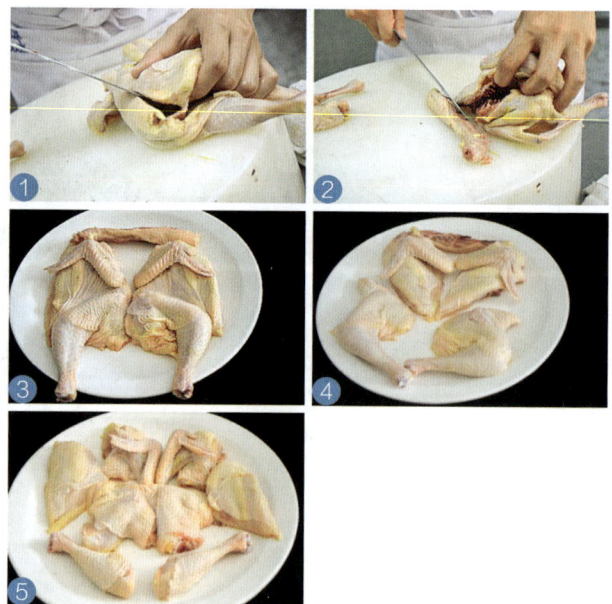

图 2-60　整鸡切割（八块法）步骤

特别提示
- 八块分割法要求与四块法相似。
- 形成的鸡块较小，要求烹饪完成后装盘时每个部位都能体现到。

 **鸡排加工**

模块二
西餐原料初步加工

训练目的

了解家禽的骨骼构造和肉质特点，会从鸡身上取下完整的鸡胸肉并加工成带骨的鸡排。

原料知识导入

鸡排加工与前面的刀工不同之处在于只使用了鸡身的鸡胸与鸡翅根部位，并非全鸡。在西餐中制作的鸡排可用于制作煎制类、炸制类菜肴，最常见的是制作卷制类热菜菜肴。

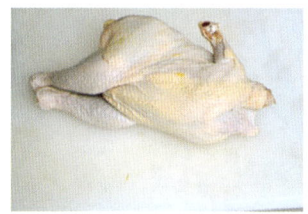

图 2-61　用于加工鸡排的鸡肉

训练原料：
整鸡1只

训练工具：
西餐刀、水果刀、拍刀、砧板

训练器皿：
原料盘、8寸平盘

1. 用刀将鸡翅根与身体分离。
2. 用刀将鸡腹切开，将翅根连鸡胸肉撕离鸡身❶。
3. 将翅根上的皮、肉去净❷。
4. 撕去鸡胸上的皮。
5. 用刀将鸡排边缘修整形❸。
6. 将鸡身上的两片鸡柳取下❹。
7. 两片带翅骨鸡胸、两片鸡柳装8寸平盘❺。

成品质量要求：
1. 鸡胸成品2片。
2. 鸡胸带翅根骨，鸡胸带皮不破，鸡胸连翅骨不带肉。
3. 鸡胸、鸡柳形态完整、光滑、无碎末。
4. 成品干净卫生。

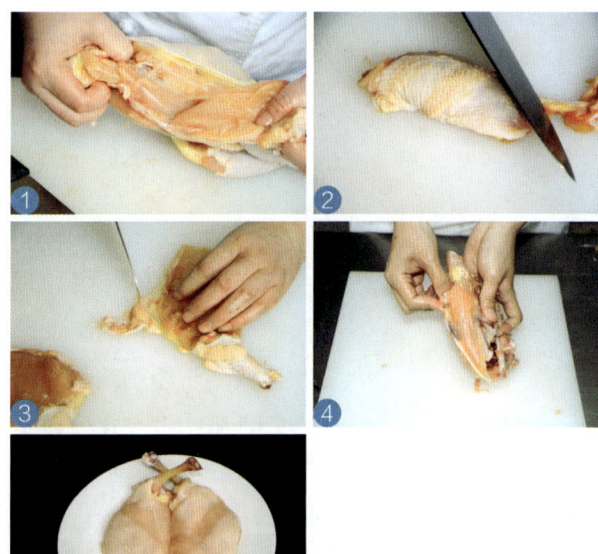

图 2-62　鸡排加工步骤

> **特别提示**
> ◆ 必须保持鸡胸肉的完整。
> ◆ 制作时需注意翅根骨必须与鸡胸相连。

任务 3 水产类原料的初步加工

【任务导入】

水产类原料是最为丰富的食物原料之一，包括淡水和海水的原料都是西餐中常用的原料，尤其是海产品，随着当今运输和冷冻技术的发展，水产品有很好的保鲜技术，可以为世界各地人们所享用。

水产品原料除了我们熟知的各种鱼类外，更有许多种类的虾、蟹、贝等原料，每一种都独具特色，处理过程中也各有千秋。

【任务实施】

活动1 水产类原料的宰杀与分档

水产类原料品种很多，可将其分为鱼类和贝壳类两大类。由于水产类原料个体都很小，而且都具有较浓重的腥味，在宰杀、分档及储存时操作不当，都会加重其腥味而影响食用时的口感。

一、鱼类原料的宰杀与分档

鱼类原料是水产类原料中个体最大的，在原料的使用前需要对其进行宰杀，宰杀完成后的原料根据使用要求进行分档。

（一）鱼类原料的宰杀

鱼类原料的宰杀通常需要经过去鱼鳞、去鱼鳃、取内脏及清洗整理等过程，对于个别的鱼类原料如鳝鱼、甲鱼等需要在去鱼鳞前进行放血的步骤，但西餐中很少会用到此类原料。

1. 去鱼鳞

去鱼鳞也称打鳞或打鱼鳞，是用刀或鱼鳞刨刀从鱼尾部往头部刮出或刨出鱼鳞的过程（图2-63）。去鱼鳞时需要注意要去净，尤其是尾部、头部、背鳍两侧、腹鳍两侧等较难去除的部位，必须要检查是否留有鱼鳞。

由于鱼皮是非常薄的，所以在去鱼鳞时必须注意不可将鱼皮弄破，如果鱼皮被刮破，其肉质裸露在外，容易受细菌的污染而影响其肉质的新鲜度，也可能会影响后面厨师的刀工处理。

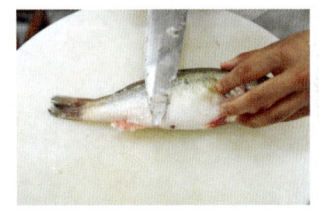

图 2-63　去鱼鳞

2. 去鱼鳃

鱼鳃是鱼在水中进行气体交换的地方，具有呼吸的作用，同时鱼鳃呈排状，可帮助过滤水中的浮游生物，比较脏，因此在宰杀时必须去除。

去除鱼鳃时可以直接用手挖除（图2-64），也可用刀、剪刀或棒状物，刀和剪刀可将鱼鳃两端固定处割断后去除，如果用棒状物需要将棒状物伸进

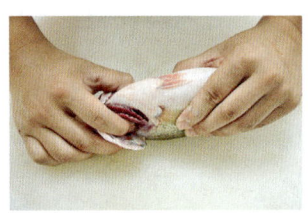

图 2-64　去鱼鳃

鳃盖处，用拧的方式将鱼鳃与鱼的头部断开取出。

3. 取内脏

鱼的内脏位于鱼的腹鳍与尾鳍之间，通常根据制作鱼类菜肴的要求，可选择腹取法、背取法及鳃取法（图2-65），其中腹取法最为常见。

腹取法	背取法	鳃取法
• 即打开腹部取出内脏。 • 沿鱼的胸鳍和肛门间开刀，切开腹部，用手指将内脏挖出。	• 即从鱼的背部取出内脏，可同时取出脊骨。 • 沿背鳍下刀，切开鱼背，取出内脏。	• 即从鱼鳃处取出内脏及鱼鳃，鱼腹部不打开。 • 从肛门前1cm处横切一刀，用棒状物从鳃盖插入，将鱼鳃缠扭，在拧出鱼鳃的同时把内脏也拧出。

图 2-65 取内脏方法

4. 清洗整理

在完成取内脏后，必须及时将鱼清洗整理干净，否则残留的污物会加速鱼的腐败变质。通过流水将附着的血污、鱼鳞及内脏等冲洗干净，并将鱼腹内部的黑膜刮净，整理外形，控干水分。

（二）鱼类原料的分档

鱼类原料的品种较多，其形态、结构有共同的特点，但也有自身的特点，依据鱼的基本形状及分档方法的不同，将其分为圆体鱼和扁体鱼两种，其中扁体鱼主要是指比目鱼类，其他鱼类属圆体鱼。

1. 鱼类原料的结构

在对鱼类原料进行分档前首先需要了解鱼类的骨骼结构，因为鱼的骨骼是非常细小的，容易在剔骨时将其遗留在肌肉中，引起食客的投诉（图2-66）。

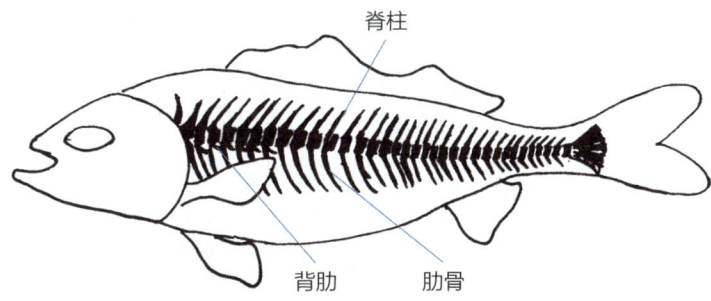

图 2-66 鱼的骨骼结构

鱼的骨骼与家畜、家禽类原料不同，可分为内骨骼和外骨骼，其中外骨骼主要是指鱼鳞、脊刺等，而内骨骼包括头骨、脊柱、附肢骨骼等。

2. 鱼类原料的分档

鱼类原料在西餐菜肴中可以整条带骨使用，也可以去骨后使用，如果是整条带骨使用就无须再进行分档，需要分档的是需去骨后使用的原料。鱼类原料的分档对个体较小的原料，只需整鱼出骨、修形即可。对于个体较大的鱼类原料如三文鱼、金枪鱼等除了去骨，还应根据不同的需要进行分割。

整鱼出骨从剔下来鱼肉的美观度、用途及成本核算的角度，要求厨师在操作时必须掌握肉不带骨、带皮，骨不带肉，皮不带肉的技巧，确保以最大的出成率完成鱼肉拆分，并且鱼肉整体刀法平整，没有过多刀划痕迹。圆体鱼体形呈椭圆形，背部肉较厚，因此可以从背部下刀进行出骨，但扁体鱼体形呈扁平状，从背部无法下刀，通常沿脊柱中线下刀（表2-14）。

表 2-14 不同类型鱼类的分档方法

分类	个体大小	适用范围	分档操作方法
圆体鱼	大形	鲑鱼、金枪鱼等	方法一： ✓ 切下鱼头 ✓ 从龙骨处平片下龙骨 ✓ 斜片法片下鱼腹处的肋骨 ✓ 在背部的肉中间用镊子拔除鱼刺 ✓ 根据需要去除鱼皮或切割成大块 方法二： ✓ 切下鱼头 ✓ 根据需要直接切成大块
	中等体形	鲈鱼、鳟鱼、鲷鱼、鳜鱼等	✓ 将鱼头朝外放平，用刀沿背鳍两侧将鱼脊背划开 ✓ 用刀自鱼鳃下，将鱼头两侧各切出一个切口至脊骨 ✓ 用刀从鱼头部切口处入刀，紧贴脊骨，自鱼头部向鱼尾部，小心将鱼柳剔下 ✓ 将鱼身翻转，将另一侧鱼柳用同样方法剔下 ✓ 根据需要可将两片鱼肉上的皮剔下
	小形	银鱼、沙丁鱼等	✓ 用稀盐水将鱼洗净，刮去鱼鳞 ✓ 切去鱼头，并斜刀切去部分鱼腹，将内脏清除，用冷水洗净 ✓ 用手将鱼尾部的脊骨小心剔下，折断，使其与尾部分开 ✓ 捏着折断的脊骨慢慢将整条脊骨拉出来
扁体鱼	大形	鲆鱼、鲽鱼、大比目鱼	四片法： ✓ 将鱼洗净 ✓ 用刀在正面鱼尾部切一小口，一只手按住鱼尾，另一只手蘸少许盐，捏住撕起的鱼皮，用力将正面整个鱼皮撕下 ✓ 背面也采用同样的方法撕下鱼皮 ✓ 将鱼放平，用刀从头至尾将脊骨两侧划开，然后沿划开处入刀，将鱼脊骨两侧的鱼柳剔下。将鱼翻转，用同样的方法将鱼柳剔下
	小形	鳎鱼	两片法： ✓ 将鱼洗净 ✓ 用刀在正面鱼尾部切一小口，一只手按住鱼尾，另一只手蘸少许盐，捏住撕起的鱼皮，用力将正面整个鱼皮撕下 ✓ 背面也采用同样的方法撕下鱼皮 ✓ 将鱼放平，用刀从脊骨处将肉与骨分离，将鱼肉慢慢剔下，用同样的方法将鱼柳剔下

二、贝壳类原料的宰杀

贝壳类原料的品种繁多,其特点是没有脊椎骨骼,但具有坚硬的外壳,根据体形特点又可细分为水生软体类和水生甲壳类,其中软体类有双壳、单壳及头足类,而甲壳类属节肢动物,外部具有较坚硬的甲壳,头和胸连成一体(图2-67)。贝壳类的品种不同,其宰杀等处理也会不同。

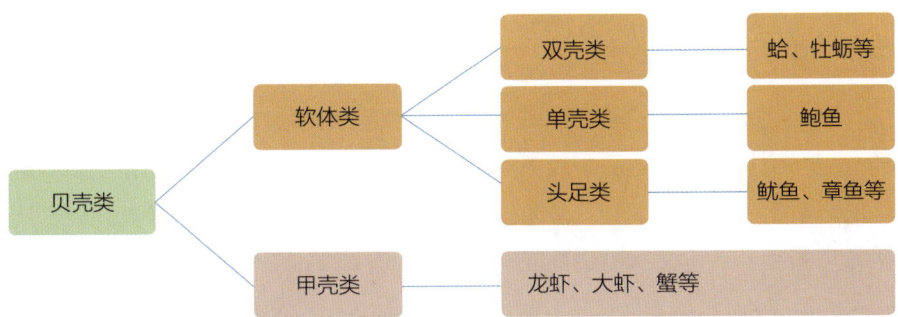

图 2-67　贝壳类原料的分类

(一)水生软体类的宰杀处理

1. 去沙

水生软体类多生长于海洋中,尤其是双壳类动物其体内含有大量泥沙,在使用前必须先将其体内的泥沙去除,否则会影响食用时的口感。去沙最常用的方法是盐水浸泡法,即将原料外部的壳刷干净,将其浸泡于浓度约为3%的盐水中,静置大约20分钟,再更换干净的盐水浸泡,直至原料吐净泥沙为止。

在西餐中有些厨师也会直接在水中放入玉米粉,放置一天,此时水生软体类原料会以玉米粉为食物,而排出体内的泥沙。

2. 宰杀

水生软体类原料涵盖的品种较多,其宰杀的方法也因其生长特点的不同而有异(表2-15)。

表 2-15　水生软体类的宰杀方法

分类	操作方法
双壳类	方法一: ✓ 从壳的尾段用小刀切入双壳的接缝处,将刀推入到两壳间 ✓ 刀刃顶住上面的壳切断其闭壳肌 ✓ 打开壳,用刀将肉与壳分离 ✓ 去除内脏,洗净 方法二: ✓ 煮一锅沸水 ✓ 将原料放入沸水中,当贝壳略微打开后,立即取出原料 ✓ 用刀将肉与壳分离 ✓ 去除内脏,洗净

续表

分类	操作方法
单壳类	✓ 用刀插入肉与壳的交接处 ✓ 沿壳的边沿，用刀割一圈 ✓ 将肉与壳分离 ✓ 去除内脏，洗净
头足类	✓ 用手拔掉其头部，并拉出内脏，头部需去除眼睛及周围较硬的组织 ✓ 剥去原料的表皮 ✓ 拔去体内透明状刺，洗净

除此之外较特殊的是蜗牛的处理，蜗牛是西餐尤其是法式西餐中较受欢迎的原料，其初加工方法与双壳类、单壳类、头足类都略有不同，在宰杀蜗牛前需要用特殊方法饲养一段时间，使其体内清洁，宰杀时洗净其外壳，用水煮至断生，取出肉，将肉外部的黏液清洗干净，同时如果需要壳的话也要将壳清洗干净。

（二）水生甲壳类的宰杀

水生甲壳类主要是各类虾、蟹等原料，在西餐中使用较多的是海水虾及蟹，其中虾包括龙虾及大虾等，在初加工时通常采用宰杀取肉（表2-16），以备制作菜肴使用。

表2-16 水生甲壳类的宰杀方法

分类	操作方法	
龙虾	方法一： ✓ 将龙虾的虾头浸入沸水中快速将龙虾烫死，然后把整只虾放入水中煮熟（500g龙虾煮5~6分钟） ✓ 将龙虾捞出，取出其中虾肉 ✓ 根据需要清理龙虾壳，备用	适用于炒、炖等烹调方法，也可用于制作冷菜及汤菜等
	方法二： ✓ 将龙虾放在砧板上，用西餐厨刀的刀尖插入龙虾的头部 ✓ 用西餐厨刀直接将龙虾割成两块 去除龙虾的胃、虾线等脏物	适用于烤、焗等烹调方法
大虾	方法一： ✓ 用剪刀将大虾的须、足等剪去 ✓ 用尖状物将头部的胃挑出 ✓ 用西餐厨刀将大虾一分为二 ✓ 剔除虾线	适用于烤、焗等烹调方法
	方法二： ✓ 去除虾头 ✓ 将虾身上的壳剥去 ✓ 根据制作菜肴要求，可留虾尾上的壳 ✓ 去除虾背上的虾线	可用于煎、煮、炸、炒等烹调方法

续表

分类	操作方法	
蟹	✓ 洗净蟹身 ✓ 放入锅中煮熟 ✓ 取出，用工具将蟹肉取出	对于大型的蟹，如阿拉斯加帝王蟹、雪蟹等，也可以煮熟后分成大块，由食客自己取肉食用

值得注意的是龙虾的肝脏和龙虾子，在西餐中通常会将其取出，用于制作少司，搭配菜肴食用。

活动2　水产类原料的质量

水产类原料与家畜、家禽类相比，更容易发生变质，因此对于水产类原料在应用时首先应进行恰当的质量判别，尽可能做到储存得当和尽快食用。水产类原料质量发生变化，最明显的现象是其腥臭味会变得浓烈，虽然仍可以食用，但直接影响食用时的味道。

一、鱼的质量

鱼肉在西餐中应用相当广泛，常用于制作冷菜、热菜及汤菜等菜肴。新鲜的鱼类原料质量可以从鱼的鳞、鳃、眼及体表等方面进行判别（图2-68）。在餐饮店中也常使用冷冻鱼，其质量的判别与新鲜鱼不同，通常需检查其是否包装完好，如果包装被破坏，会使鱼肉暴露在外而导致干燥变硬，影响口感。检查冷冻鱼的气味也非常重要，通常不带有气味的表示冷冻鱼是新鲜的，如果有强烈的腥味就是不新鲜的。

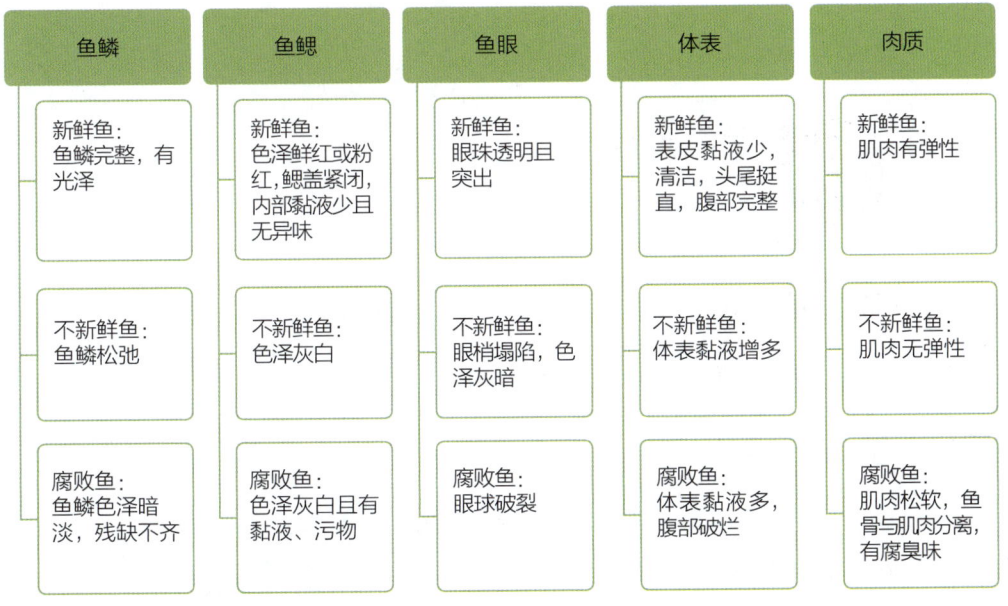

图2-68　鱼类原料质量判别

二、虾的质量

虾在餐饮店的供应中有冰冻和鲜活两种形式，冰冻的虾应该是单只冰冻的，也就是每只虾外表都应裹有一层薄冰，起到良好的保鲜作用，如果表层的薄冰被破坏，说明在运输途中冷冻环境被破坏过，虾的质量可能会受到影响，需重点检查。对于完整的虾可以从其色泽、外形等进行质量的判别（图2-69）。

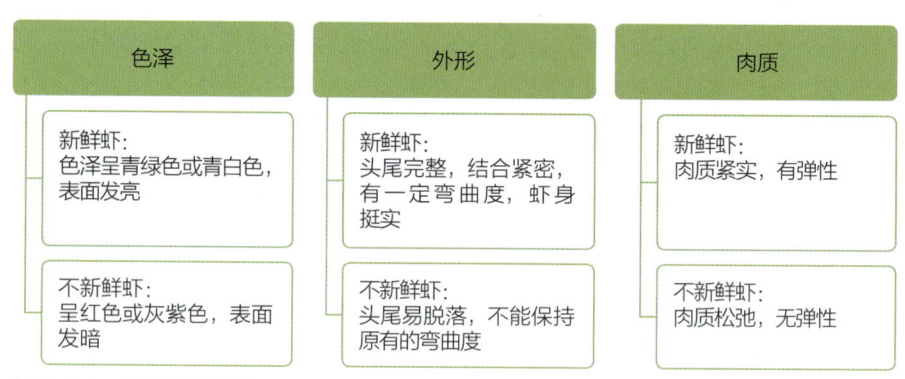

图2-69　虾的质量判别

三、蛤的质量

蛤在餐饮店中较多的是活的、带壳销售，也有少量的冷冻、去壳销售。对于活的蛤，可观察其外壳是否紧闭来判断是否新鲜，如果外壳略微张开，用手触碰后无法自主关闭，说明蛤已死亡，应该将其剔除。还有将蛤煮熟后，新鲜的蛤应该是双壳完全张开的，如果发现未张开的蛤，就是不新鲜的或已死亡的蛤，应剔除。

训练1　鲈鱼出骨

训练目的

了解圆体鱼的骨骼结构，会鲈鱼的宰杀和出骨方法。

原料知识导入

鲈鱼有河鲈与海鲈之分，体形呈圆形，属圆体鱼。在西餐中常取其净鱼肉，用于制作冷菜、汤菜及热菜。鱼骨洗净后可用于制作鱼基础汤，进一步可制作成少司。

图2-70　鲈鱼

训练原料：
去鳞鲈鱼1条

训练工具：
西餐刀、砧板

训练器皿：
原料盘、8寸平盘

1. 鱼横放于砧板上（头朝右，尾朝左），用牛肉刀沿鳃口处垂直切至龙骨，但不切断龙骨❶。
2. 将刀身转至水平方向，刀尖朝鱼尾，沿龙骨方向从头片向尾部，刀至龙骨处停❷。
3. 左手翻开鱼肉，牛肉刀刀尖慢慢沿骨刺将鱼肉剔下（刀尖先上后下）❸。
4. 至尾部时，刀刃朝外将鱼肉完全剔下，同样方法剔下另一边的鱼肉❹。
5. 将剔下鱼肉的鱼皮朝下置于砧板上，从尾部下刀，将皮片下来❺。
6. 鱼骨、鱼皮、鱼肉洗净，装盘❻。

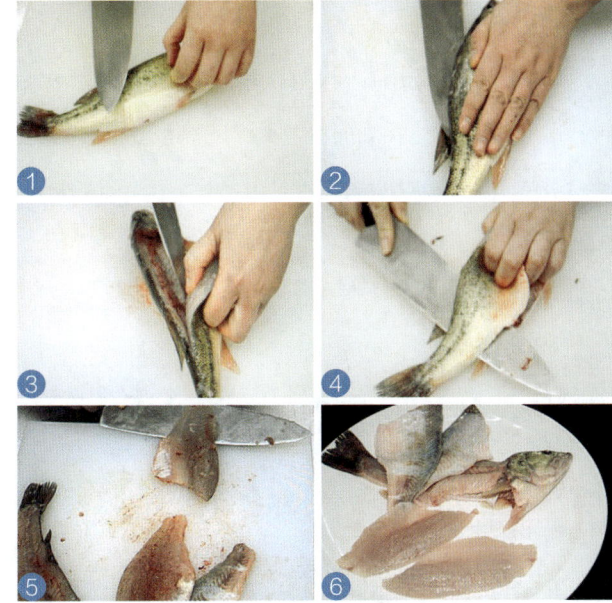

图2-71　鲈鱼出骨步骤

成品质量要求：
1. 鱼柳完整不带刺。
2. 鱼骨上不粘肉。
3. 鱼皮完整不破。
4. 成品干净卫生。

特别提示
- 出骨需要注意鱼背肋，处理不当时可能会在鱼柳上留下鱼刺，或鱼柳肉破裂。
- 去鱼皮时需注意刀与鱼皮角度，角度太大，会使鱼皮破损；角度太小，鱼柳肉会破。

 **比目鱼出骨**

训练目的

了解比目鱼的骨骼结构，会比目鱼的宰杀和出骨方法。

图2-72　比目鱼

原料知识导入

比目鱼因其双眼位于身体同一侧而得名,生活在浅海的沙质海底,有鲆、鲽、鳎三大品种,其中属鲆的肉质最好,最差的是舌鳎,由于体形扁平,所以与圆体鱼的出骨略有不同。

训练原料:
比目鱼1条

训练工具:
西餐刀、砧板

训练器皿:
原料盘、8寸平盘

1. 将鱼皮深色面朝上,沿其脊柱处下刀将一面的鱼体一分为二❶。
2. 鱼头处将鱼肉慢慢片下❷。
3. 另一片用同样方法片下❸。
4. 鱼体另一面的鱼肉同样操作❹。
5. 将剔下鱼肉的鱼皮朝下置于砧板上,从尾部下刀,将皮片下来❺。
6. 鱼骨、鱼皮、鱼菲力洗净、装盘❻。

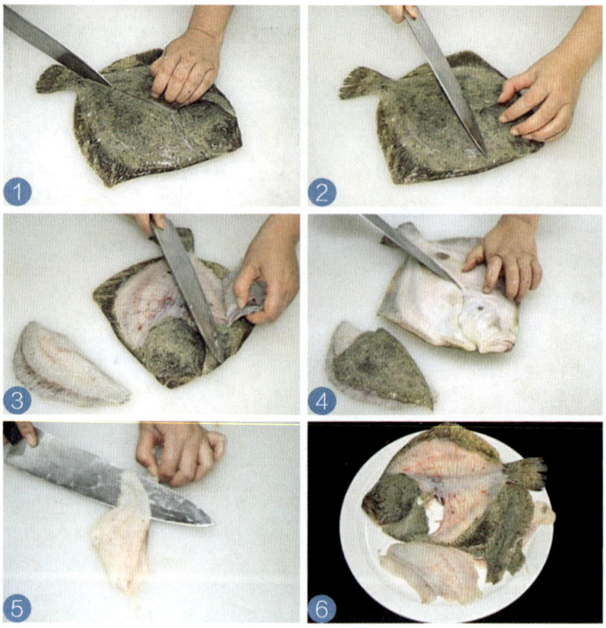

成品质量要求:
1. 鱼柳完整不带刺。
2. 鱼骨上不粘肉。
3. 鱼皮完整不破。
4. 成品干净卫生。

图 2-73 比目鱼出骨步骤

特别提示
- 比目鱼出骨有两块法和四块法之分,通常鲆鱼和鲽鱼适用四块法,而鳎鱼适用两块法。
- 去鱼皮时需注意刀与鱼皮角度,角度太大,会使鱼皮破损;角度太小,鱼柳肉会破。

 虾的去壳

模块二
西餐原料初步加工

训练目的

了解虾的种类及结构特点，会虾的去壳、去肠线等加工。

原料知识导入

虾是西餐菜肴制作中常用的原料之一，西餐中常用的是对虾，其中个头较大的明虾较为常见，用于制作冷菜及热菜菜肴，有一些冷菜、汤菜或烩菜类中还可以使用个头较小的对虾，如基围虾等。无论哪种原料，都需对其进行必要的去壳、去肠线等加工。

图 2-74 虾

训练原料：
虾100克

训练工具：
西餐刀、水果刀、砧板

训练器皿：
原料盘、8寸平盘

1. 用刀将虾头切下❶。
2. 用手指把虾壳剥去❷。
3. 用刀在背部，浅浅地划一刀❸，剔除肠线❹。
4. 用牙签穿起虾肉❺可以让虾肉垂直❻。

成品质量要求：
1. 虾肉完整不破碎。
2. 肠线去净，无遗留。
3. 成品干净卫生。

图 2-75 虾的去壳步骤

特别提示
- 去肠线时注意力度，用力过猛会导致肠线断裂而滞留在虾体内。
- 如果是处理相对体形较大的明虾时，需要结合菜肴制作的要求，如果需要保留头部的，需要将头部位置的虾胃去除。

训练 4　龙虾加工

训练目的

了解龙虾的种类及结构特点，会龙虾的宰杀、取肉加工。

原料知识导入

龙虾是虾类中体形最大的，属西餐的高档原料之一。在制作龙虾类菜肴时必须先对其进行宰杀等加工。

图 2-76　龙虾

训练原料：
龙虾1只

训练工具：
西餐刀、砧板

训练器皿：
深锅、原料盘、8寸平盘

1. 将龙虾下锅煮熟后取出❶。
2. 用手旋转虾体，使虾体、虾头、虾钳分离❷。
3. 用手掌按压虾体侧面❸，可使虾壳断开，取出虾身体的肉❹。
4. 虾钳用刀背敲碎外壳，并取出虾钳肉❺。
5. 将虾头上的小触脚全部切除❻。
6. 将龙虾头、壳和虾肉装盘。

成品质量要求：
1. 龙虾肉完整不碎。
2. 龙虾头内虾子、虾肝完整。

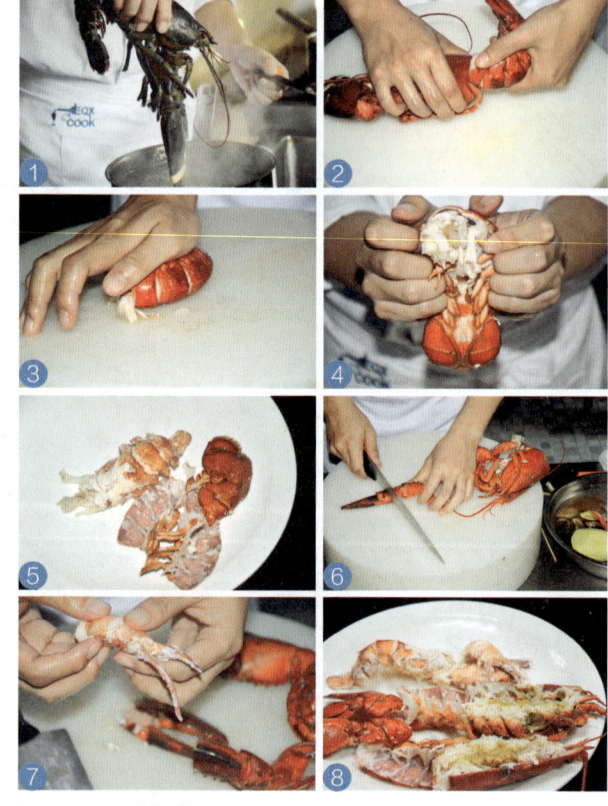

图 2-77　龙虾的加工步骤

> **特别提示**
> ◆ 此处理方法较适用于制作不带壳的龙虾菜肴，如龙虾冻等。
> ◆ 龙虾的处理方法还有一种是用西餐刀直接插入龙虾脑部使龙虾死亡，常被称为人道主义宰杀方法，适合制作焗龙虾等菜肴。

训练 5　蟹的去壳

训练目的

了解螃蟹的种类及结构特点，会螃蟹的宰杀、出肉等加工。

原料知识导入

螃蟹的种类较多，通常在中餐中较讲究河蟹的食用，但在西餐中常用海蟹制作菜肴，无论是河蟹还是海蟹，常用的加工方法是将其煮熟后剥出其肉，再进行菜肴的加工。

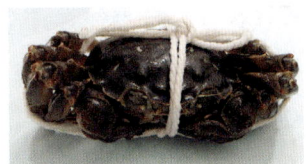

图 2-78　蟹

训练原料：
螃蟹1只

训练工具：
西餐刀、蟹具、砧板

训练器皿：
原料盘、8寸平盘

1. 将螃蟹煮熟❶。
2. 取下蟹腿，用剪刀将蟹腿一端剪掉，然后用蟹具在蟹腿上向剪开的方向滚压，挤出蟹肉❷。
3. 将蟹螯取下，用刀敲碎硬壳，取出蟹肉❸。
4. 将蟹盖掀开，去掉蟹鳃，取出里面的蟹肉、蟹黄❹或蟹膏❺。
5. 装盘❻。

图 2-79　蟹的去壳步骤

成品质量要求：
1. 肉不带壳。
2. 壳不带肉。
3. 成品干净卫生。

> **特别提示**
>
> ◆ 取肉的关键是看是否能将壳内的肉取干净，这关系到原料的出成率。
>
> ◆ 雌蟹有蟹黄，雄蟹有蟹膏，这在中餐中相对更加讲究。

蛤蜊的去壳

训练目的

了解蛤蜊的种类及结构特点，能正确将蛤蜊去壳。

原料知识导入

蛤蜊的种类较多，在西餐制作中可带壳制作，但有些菜肴必须去壳，使用纯蛤蜊肉制作，如焗蛤蜊等。在西餐中蛤蜊的去壳与中餐不同，是活体去壳，而不是将其水烫后取肉，所以相对难度较大些。

图 2-80 蛤蜊

训练原料：
蛤蜊200克

训练工具：
水果刀、砧板

训练器皿：
原料盘、8寸平盘

1. 用小刀从开口处切入蛤蜊的壳❶。
2. 沿着外壳的壳内侧切下背壳肌，另一侧同样❷。
3. 取出蛤蜊肉即可❸。
注：更安全的方法为，从贝壳根部连接处入刀，适合初学者使用。

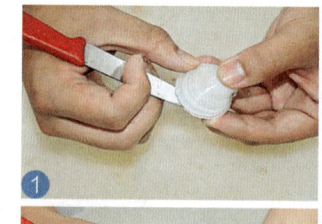

图 2-81 蛤蜊的去壳步骤

成品质量要求：
1. 肉饱满完整。
2. 壳不破损，不留肉。
3. 成品干净卫生。

特别提示
- 蛤蜊的活体取肉难度在于活的蛤蜊壳是紧闭的，需要操作者找到窍门。
- 蛤蜊的闭壳肌与壳结合相当紧密，需要用小刀将其从壳上刮下来。
- 蛤蜊的去壳方法同样也适用于其他双壳类食材中。

 **蜗牛加工**

模块二
西餐原料初步加工

训练目的

熟悉蜗牛的种类，能正确进行蜗牛的初加工。

原料知识导入

蜗牛是西餐中较高档的原材料之一，食用的蜗牛通常有法国蜗牛、意大利庭院蜗牛及玛瑙蜗牛三类，其中以法国蜗牛质量最好。蜗牛制作菜肴最难的是其初加工，即蜗牛的宰杀、清洗过程。

图 2-82　蜗牛

训练原料：
蜗牛3只、明矾适量

训练工具：
水果刀、砧板

训练器皿：
深锅、原料盘、8寸平盘

1. 将蜗牛略做外壳清洁，放入沸水中略煮❶。
2. 将蜗牛肉从壳中挑出❷。
3. 去除蜗牛内脏❸。
4. 用明矾揉捏蜗牛，去除表面的黏液❹。
5. 清水冲洗蜗牛肉，确保表面洗净❺。
6. 蜗牛壳刷洗干净，并用水煮进行消毒。
7. 将洗净的蜗牛壳、肉装盘❻。

图 2-83　蜗牛的加工步骤

成品质量要求：
1. 肉表面干净，无黏液。
2. 蜗牛壳干净，无污物。

特别提示
- 蜗牛肉加热后会卷缩，因此清洗的时候较难清洗干净，必须将卷缩在内的肉完全洗净。
- 用明矾可以将蜗牛肉表面的黏液清洗干净，且使肉质变白。

项目小结

动物性原料的初加工方法是具有规律的，同一类原料的加工过程有很大的相似之处，例如羊、鸡和鸭的分档等。与蔬果类原料初加工不同的是，在动物性原料初加工时对刀工技术的要求大大提高了，如禽类的出骨、鱼类的出骨对刀工的要求都很高。因此需要学生对各类动物原料的组织结构非常了解，并通过不断的练习才能达到对动物性原料初加工的要求。

野味

西餐中使用野味原料曾经非常广泛，尤其以德式菜、英式菜更为突出。随着人们对生态环境的了解和环保意识的增强，真正的野味在西餐中已经越来越少，取而代之的是用特殊方法人工饲养的野味。这些经特殊方法养殖的野味，既保留了野味原料特殊的风味，又保护了生态环境，非常受消费者的青睐。

1 野兔（Hare）

野兔又称山兔，在世界范围内都有分布，主要生活在草原及靠近山区的边缘地带，九十月间最为肥壮。野兔肉色暗红，瘦肉多，脂肪少，蛋白质含量较高，肉质鲜香，风味独特，是一种高蛋白、低脂肪、易被人体消化吸收的食品。适宜烧烤、红烩、红焖等烹调方法。

2 红鹿（Red deer）

红鹿又称牡鹿，喜栖居于开阔多草的林间空地，草食。皮毛夏天呈赤褐色，冬季带灰色，体躯高大。红鹿的性情温顺。由于其肉质好，风味独特，是优良的肉用品种。适宜烧烤、铁扒、煎、红烩、红焖等烹调方法。

3 黄鹿（Yellow deer）

黄鹿又称小鹿，原产地为欧洲地中海沿岸和小亚细亚地区。黄鹿相较红鹿体形较小，但黄鹿肉质细嫩，适宜烧烤、铁扒、煎、红烩、红焖等烹调方法。

4 野猪（Wild boar）

野猪又称山猪，主要生活在山地、半山地地区，以秋、冬季节的肉质最佳。野猪的外形与家猪相似，但野猪肉脂肪少，瘦肉多。在烹制时，需先用冷水浸泡以除去不良气味，再进行红焖、红烩、烤等方法进行烹调。

一、判断题（判断正确的题目，括号内填"√"，错误的填"×"）

（   ）1. 畜类原料主要有牛、羊两种。
（   ）2. 禽类原料主要有鸡、鸭、鹅、鸽等。
（   ）3. 动物经常运用的部位肌肉纤维越细，肉质越嫩。
（   ）4. 牛的后腰可以依次分为排骨牛排、总汇牛排、T骨牛排及钵口牛排。
（   ）5. 里脊是动物体中肉质最嫩的肉。
（   ）6. 小牛的肉质较成年牛更细嫩。
（   ）7. 宰杀后的羊肉口感最佳。
（   ）8. 禽类煺毛时的水温需根据禽类的品种、老嫩程度及季节来定。
（   ）9. 热伤蛋由于鸡蛋质量发生变化，不可食用。
（   ）10. 鹅肝可冷冻储存较长的时间。
（   ）11. 贝壳类常用的去沙方法是盐水浸泡法。
（   ）12. 龙虾的肝脏在西餐中是不会食用的。

二、单选题（选择一个正确的答案，将相应的字母填入题内的括号中）

1. 牛肉的分档通常是在（   ）两根肋骨间下刀。
　　（A）第12、13根　　　　　　（B）第13、14根
　　（C）第10、11根　　　　　　（D）第11、12根

2. 小牛是指出生（   ）的牛。
　　（A）1年内　　　　　　　　（B）2个月内
　　（C）2~10个月　　　　　　（D）4~10个月

3. 动物体宰杀后最具食用价值的阶段是（   ）。
　　（A）尸僵阶段　（B）成熟阶段　（C）自溶阶段　（D）腐败阶段

4. （   ）是冷冻肉水分及营养成分损失最少的解冻方法。
　　（A）冷藏解冻法　　　　　　（B）空气解冻法
　　（C）水泡解冻法　　　　　　（D）微波解冻法

5. 鸡蛋的蛋白占全蛋质量的（   ）。
　　（A）11%　　（B）31%　　（C）61%　　（D）58%

6. 下列属于圆体鱼的是（   ）。
　　（A）比目鱼　（B）三文鱼　（C）鳎鱼　（D）多宝鱼

7. 质量新鲜的鱼其鱼鳃呈现（　　）。
   （A）鲜红色　　（B）灰白色　　（C）暗红色　　（D）绿色
8. 蛤蜊的双壳（　　），表示是鲜活的。
   （A）紧闭　　（B）全开　　（C）微张　　（D）都可以

三、匹配题（下列图片与对应的名称用划线连接）

1. 牛肉各部位的肉质适合的烹调方法。

肩部	焖
胸及前腿	烩
肋背	烧烤
前腹	铁扒
腰部	煎
腹部	制汤
后腿	

2. 不同品质的虾的质量鉴别。

新鲜虾　　　　　　　肉质松弛

　　　　　　　　　　虾壳呈现青绿色

　　　　　　　　　　肉质紧实

　　　　　　　　　　虾身挺直

不新鲜虾　　　　　　虾身弯曲

　　　　　　　　　　虾壳呈红色或灰色

四、思考题

1. 现厨房进了一批鱼，如何鉴别其新鲜度？
2. 请你通过查找资料，制作一个肥鹅肝形成及应用的知识小报。

五、操作题

1. 今天西餐厅将使鸡排、羊排、鱼菲力、蛤蜊肉来制作菜肴，请你迅速并规范地完成这些原料的初加工，并完成下列的表格。

原料名称	原料质量 /g	初加工后原料的质量 /g	出成率/%
整鸡			
鲈鱼			
比目鱼			
七指羊排			
蛤蜊			

2. 使用鲈鱼和使用比目鱼的鱼菲力有何区别。

3. 与其他同学的表格进行对比，分析差别原因。

模块三

西餐原料准备

项目 1 西餐刀法

🍳 学习目标

1. 熟悉西餐常用刀法的特点和作用。
2. 会安全、正确使用西餐基础厨房的刀具。
3. 能根据要求对原料进行正确的成形加工。

☕ 项目描述

本项目是对西餐刀法进行学习和训练,以当今西餐烹饪常用的原料为主,从实际应用出发,让学生由浅入深地学习西餐刀法的理论知识,并提高实操能力,从而打好刀工基本功。

🍽 项目任务

 刀工准备

【任务导入】

厨师的工作是每天为食客提供丰富大量的食物,为了高效率、高质量地完成工作,除了需完成必要的原料初加工工作外,还必须完成对原料必要的刀工处理工作,只有将这些工作准备得彻底而有条理,后续的烹饪工作才能顺利地进行。

【任务实施】

活动1 刀工的作用

刀工也称刀技,是将经过初加工的动植物原料根据菜肴制作要求,运用不同的刀法将其进一步加工成丝、片、段、块等不同形状的过程。原料经过刀工制作后,可以呈现出不同的形状,能使菜肴在色、香、味、质等方面得

到更大的提升，可以说刀工是菜肴制作过程中不可缺少的重要组成部分。

一、刀工在西餐烹调中的作用

虽然西餐的刀工与中餐的刀工有较大的区别，但是在烹饪中的地位是相同的，经过刀工处理的原料能在西餐烹调中发挥重要的作用（图3-1）。

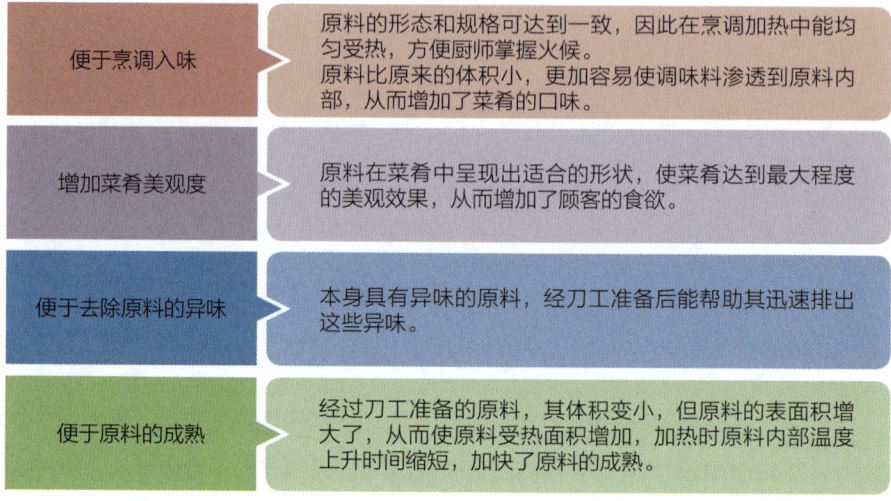

便于烹调入味	原料的形态和规格可达到一致，因此在烹调加热中能均匀受热，方便厨师掌握火候。原料比原来的体积小，更加容易使调味料渗透到原料内部，从而增加了菜肴的口味。
增加菜肴美观度	原料在菜肴中呈现出适合的形状，使菜肴达到最大程度的美观效果，从而增加了顾客的食欲。
便于去除原料的异味	本身具有异味的原料，经刀工准备后能帮助其迅速排出这些异味。
便于原料的成熟	经过刀工准备的原料，其体积变小，但原料的表面积增大了，从而使原料受热面积增加，加热时原料内部温度上升时间缩短，加快了原料的成熟。

图 3-1　刀工的作用

二、刀工的基本要求

刀工在西餐烹调中是一项技术性较高的技能，对于一名西餐厨师来说，不仅需要掌握正确的刀工技能，而且还需要恰到好处地运用它，即刀工与烹调方法、原料性质等必须是相匹配的（表3-1），才能使菜肴达到最佳的效果。

表 3-1　刀工基本要求

内容	要求	举例
刀工适应烹调的需要	（1）刀工和烹调是制作菜肴的两个重要工序，彼此相互制约，相互影响 （2）刀工处理后的原料必须满足烹调技法，因此烹调技法的不同，其对原料的刀工处理要求也会不同	对于炒制类菜肴，原料要求薄且小，这样易熟 对于焖、烩、烤、煎制作类菜肴，原料要求厚且大
刀工适应原料的性质	（1）烹调的原料性状各有不同，会有软、硬、脆、韧、带骨、去骨等区别 （2）刀工必须根据原料的性质选择相适应的刀法	牛肉纤维较粗，需逆丝切 猪肉纤维较细，需顺丝切 鸡肉纤维需要斜丝切
下刀要利落	（1）刀工处理的基本要求是大小一致，厚薄均匀、粗细相同、长短一致 （2）刀工最致命的缺点就是连刀，即原料该断未断	确保运用刀工时刀刃锋利，砧板平整

续表

内容	要求	举例
要合理使用原料	（1）合理使用原料是烹调的一项重要工作原则，是餐饮成本核算的基本 （2）合理使用原料是指计划用料，合理搭配，做到物尽其用	洋葱，在刀工处理时首先满足制作菜肴的要求切丝、末、片等，余下的边角料则作为制汤时的蔬菜香料
刀工处理要清洁卫生，避免营养流失	（1）刀工处理时要做到环境、操作台的清洁卫生，生熟分开，不互相污染及串味 （2）原料具备的营养价值非常重要，刀工处理时应避免操作不当而导致营养的流失	蓝色砧板——海鲜原料处理 红色砧板——红肉类原料处理 黄色砧板——家禽类原料处理 绿色砧板——蔬菜水果类原料处理 白色砧板——熟食处理

【活动2】 刀工的准备

对于一名厨师来说，一天的工作都是站立操作的，工作强度很大，因此正确的操作姿势不仅可以给人带来美感，更重要的是有利于提高工作效率、减少疲劳感，可避免职业病的产生，确保自身的身体健康。正确的操作姿势包括了正确的握刀姿势和站立姿势两部分。

一、正确的握刀姿势

在西餐烹调的刀工准备中，使用最多的是西餐厨刀，在握刀操作时必须保持正确的操作姿势（图3-2），否则会造成不必要的伤害。

（1）用右手拇指、食指捏住刀的后根部。
（2）其余三指自然合拢，握住刀柄。
（3）掌心稍空。

（1）右手握刀，左手按住原料。
（2）刀与原料垂直，左手中指的第一关节突出，顶住刀身左侧，并与刀身呈直角。
（3）然后均匀运刀使刀后移。

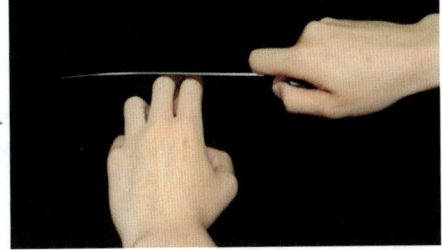

图3-2　正确的握刀姿势

二、正确的站立姿势

一名西餐厨师在工作时无论是刀工的准备工作还是炉灶上的制作工作，

都必须保持正确的站立姿势，以缓解身体的疲劳。在西餐厨房中常用的站立姿势有八字步和丁字步两种（表3-2）。

表 3-2 厨师站立姿势对比

名称	图片	站立姿势	特点
八字步法		双脚自然分开，与肩齐宽，呈八字状，脚跟要稳，身板要挺 上身挺直，略往前倾 腹部与操作台保持约10cm的距离 目光注视操作位置	姿势较呆板，但不易疲劳
丁字步法		双脚自然分开，左脚竖直向前，右脚横立于后，呈丁字状，重心落在右脚上 上身挺直，略向右侧，头微低 身体与操作台保持一定距离 目光注视双手操作位置	站姿优美，但易于疲劳

三、正确的操作要求

掌握正确的握刀姿势和站立姿势，可以减少身体的疲劳，在刀工操作时正确的操作要求能保持工作环境的整洁卫生，避免厨师相互间的伤害，体现西餐厨师的职业素养（图3-3）。

操作前
- 检查仪容仪表，包括头发、指甲、装饰物及工作服、围裙和工作帽
- 头发、指甲等应定时清理
- 工作时应去除装饰物
- 工作服及时更换，必须保持清洁卫生

操作中
- 操作时注意力集中，认真操作，不说笑打闹
- 操作姿势正确，各种刀法操作熟练
- 操作时各种原料、容器要摆放整齐，有条不紊

操作后
- 完成一项工作，清理一次，随时确保操作环境及工作台的清洁卫生，并恢复所有工具的摆放位置

图 3-3 厨师的操作要求

任务2 西餐刀工运用

【任务导入】

烹饪原料常根据西餐菜肴的制作要求被处理成片、丝、条、块、蓉、粒等形状，这些都离不开对刀法的掌握，这是西餐厨师的基本技能。

【任务实施】

活动1 旋削法

旋削的刀法可以用于蔬菜、水果等原料的去皮，也可以用于削形，如将土豆、胡萝卜等原料削成各种橄榄形和球形。

一、握刀方法

旋削刀法使用的刀具常为水果刀，不能像我们平时握牛肉刀一样握刀，应该用食指、中指、无名指、小指握住刀柄，大拇指顶住刀身，刀刃朝内（图3-4）。

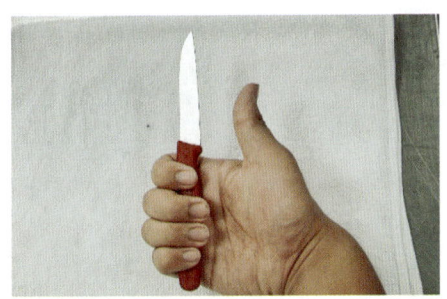

图 3-4　旋削法的握刀姿势

二、运刀方法

使用旋削刀法时首先是右手持刀，以原料的某一点为圆心，刀刃为外圈做重复旋削的运刀。在运刀过程中需要将拇指顶住原料，其余四指控制刀刃做弧线对原料进行旋削。左手拿原料，对原料进行翻转，配合刀刃旋削。

三、操作要求

整个操作需要充分考虑原料成本的核算，尽量减少对果肉的浪费，即要求操作者运刀流畅而准确，以最少的用刀次数完成原料的旋削。

 修六面橄榄形

训练目的

熟练使用正确的用刀姿势，会六面橄榄形的成形。

原料知识导入

在西餐主菜中胡萝卜是最常见的配菜之一，而橄榄形是西餐主菜配菜中最常见的形状之一。六面橄榄形胡萝卜是橄榄形中的一种。

图 3-5　胡萝卜（修六面橄榄形）

训练原料：
胡萝卜1根（中等粗细略长）

训练工具：
砧板、西餐刀、水果刀

训练器皿：
原料盘、8寸平盘

1. 胡萝卜切成长约5~6cm的段❶。
2. 在胡萝卜段的圆形切面上划出六等份❷。
3. 用旋削的刀法将胡萝卜段修成粗约2.5~2.8cm的六面橄榄形❸。
4. 用同样方法修出五个大小、长短、粗细相同的六面橄榄形❹。

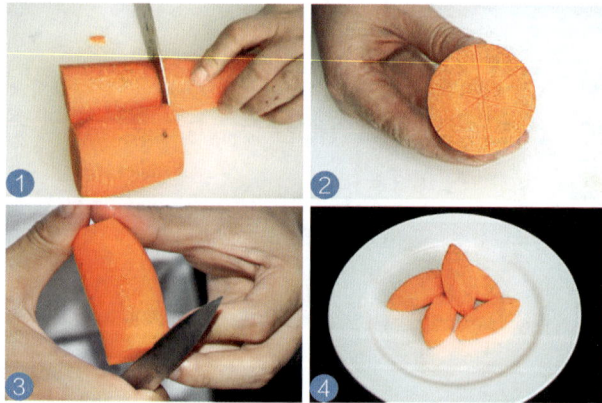

图 3-6　修六面橄榄形步骤

成品质量要求：
1. 长5~6cm，粗2.5~2.8cm的六面橄榄形状。
2. 数量为5个。
3. 大小匀称、光滑。
4. 成品安全卫生。

特别提示
- 修六面橄榄形胡萝卜需要掌握好一个合适角度，每个面均为60°。
- 在修每一个面的时候要从一端到另一端尽量一气呵成，这样每个面会更光滑。

训练2 修光滑橄榄形

模块三
西餐原料准备

训练目的

熟练使用正确的用刀姿势，会光滑橄榄形的成形。

原料知识导入

光滑橄榄形胡萝卜作为六面橄榄形的衍生作品，在各大西餐厅中应用频繁，如果说六面橄榄形是初学者练习刀工的展现，那么光滑橄榄形往往体现了一名资深西餐厨师的基本功。

图 3-7 胡萝卜（修光滑橄榄形）

训练原料：
胡萝卜1根（中等粗细略长）

训练工具：
砧板、西餐刀、水果刀

训练器皿：
原料盘、8寸平盘

1. 胡萝卜切成长约6~7cm的段❶。
2. 粗端的胡萝卜竖切平均分成四等份❷。
3. 用旋削的刀法❸将胡萝卜段修成粗约1~1.5cm的光滑橄榄形❹。
4. 用同样方法修出五个大小、长短、粗细相同的光滑橄榄形❺。

成品质量要求：
1. 长6~7cm，粗1~1.5cm的光滑橄榄形状。
2. 数量为5个。
3. 大小匀称、光滑。
4. 成品安全卫生。

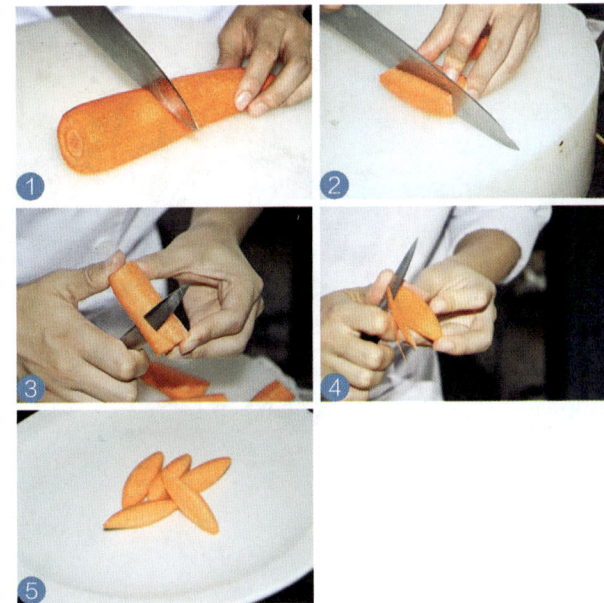

图 3-8 修光滑橄榄形步骤

 特别提示
- 修光滑橄榄形胡萝卜与六面形是截然不同的，一个是修面一个是不断的修角，但无论是哪种形状，都必须注意手腕部的力量。
- 橄榄形可以用于任何一种块状类原料，如土豆、黄瓜、节瓜等。

训练 3　修荸荠形

训练目的

熟练使用正确的用刀姿势，会荸荠形土豆的成形。

原料知识导入

在我国的概念中常常将土豆作为一种蔬菜来认识，但是在西餐中我们将土豆划分为淀粉类，是西餐主菜类菜肴中不可缺少的配菜之一，因此土豆的各种刀工处理也是非常重要的。

图 3-9　土豆（修荸荠形）

训练原料：
土豆1个（约150克）

训练工具：
砧板、西餐刀、水果刀

训练器皿：
原料盘、8寸平盘

1. 土豆去皮，取高约5cm 的段❶。
2. 用水果刀从两头开始削出直径约3cm的圆形底面❷。
3. 用水果刀在圆形底座的基础上将外圈削出圆弧形❸。
4. 成形装盘❹。

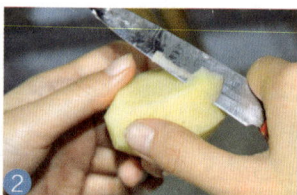
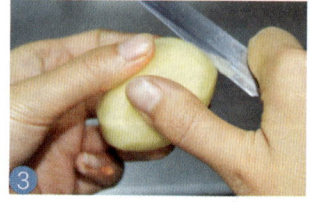

图 3-10　修荸荠形步骤

成品质量要求：
1. 直径约3 cm的荸荠形。
2. 大小匀称、光滑。
3. 成品安全卫生。

特别提示
◆ 修土豆时必须更快速，不然会导致土豆发生褐变。
◆ 荸荠形可以用于任何一块状类原料，如胡萝卜、红菜头等。

活动2 切法

切是西餐烹调中使用最为广泛的刀法之一，常用于加工无骨的鲜嫩原料。通过切的刀法，可将原料加工成片状、丝状、块等多种形状。

西餐中常用的刀具，如厨刀、万用刀、水果刀等，都可用切的刀法，操作时用右手握刀，左手按住原料，刀刃垂直向下用力。

一、运刀方法

切最基本的方法是直切，即刀刃垂直上下，将原料切断，在实际的运用中，由于原料的特性及成形的要求，在刀的着力点和运动方向上会有不同，因而又衍生出直切、拉切、推拉切、锯切、滚切、铡切等诸多切的刀法（表3-3）。

表 3-3 切的刀法对比

种类	运动方向	着力点	适用范围
直切	垂直上下运动	刀的中部	各类蔬菜，可直切成丝、片、条、段、丁、粒等形状
拉切	从左前向右后运动	刀的中前部	较松脆的原料（如蘑菇、黄瓜等），可拉切成丝、粒等形状
推切	从右后向左前运动，与拉切方向相反	刀的中后部	较厚、较硬的原料或略有韧性的原料，可推切成片、丁、丝、条、块等形状
推拉切	推切与拉切结合，从左前向右后运动	刀的中部，效率较高	加工韧性较大的原料，推拉切为段、块、丝、片等形状
锯切	刀与原料垂直，前后几次锯动	刀的中部	韧性较大的肉类及面包

续表

种类	运动方向	着力点	适用范围
滚切	原料滚动一次，刀直切或推切一次	刀的中部	加工胡萝卜、土豆等原料，成形为块状
铡切	一手握刀柄，一手握刀背，两手交替用力压切		适用于带骨或较细小的原料，也常用于加工成末、蓉等形状

二、操作要求

运用切的刀法可以将原料加工成各种形状，在西餐菜肴中对原料的每种形状都有较为严格的要求（表3-4），但无论是加工成何种形状，同一形状的原料必须形状相同，长短一致，粗细均匀。

表 3-4　各类原料成形规格

形状		规格
片	正方形片	（1～2）mm×10mm×10mm
	菱形片	（1～2）mm×10mm×10mm
	圆形片	（1～2）mm
	椭圆形片	（1～2）mm
丝	竹筛棍	3mm×3mm×15mm
	短丝	（1～2）mm×（1～2）mm×35mm
	长丝	（1～2）mm×（1～2）mm×（60～70）mm
条	细棍	3mm×3mm×60mm
	细条	6mm×6mm×（60～75）mm
	炸薯条	（8～12）mm×（8～12）mm×75mm
块		10mm 见方
丁	细丁	3mm 见方
	小丁	6mm 见方
	中等丁	12mm 见方
	大丁	20mm 见方

 **胡萝卜切条**

训练目的

熟练使用正确的用刀姿势，掌握切胡萝卜条的方法，并能运用于其他蔬菜的切条中。

原料知识导入

蔬菜切条时特别需要注意的就是粗细均匀，长短一致，因为这将影响后续热加工时的口味质感等，新手在练习的时候容易发生在较长时间重复动作后的出品与起初的出品规格差别明显。

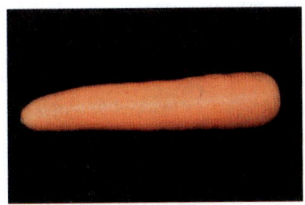

图 3-11 切条用胡萝卜

训练原料：
胡萝卜1根

训练工具：
砧板、西餐刀、水果刀

训练器皿：
原料盘、8寸平盘

1. 用水果刀旋削去皮。
2. 将胡萝卜切成长6～7cm的段❶。
3. 将胡萝卜段切成长方体❷。
4. 再切成厚约6mm的片❸。
5. 将胡萝卜厚片切成粗细一致的条❹。
6. 成品装盘❺。

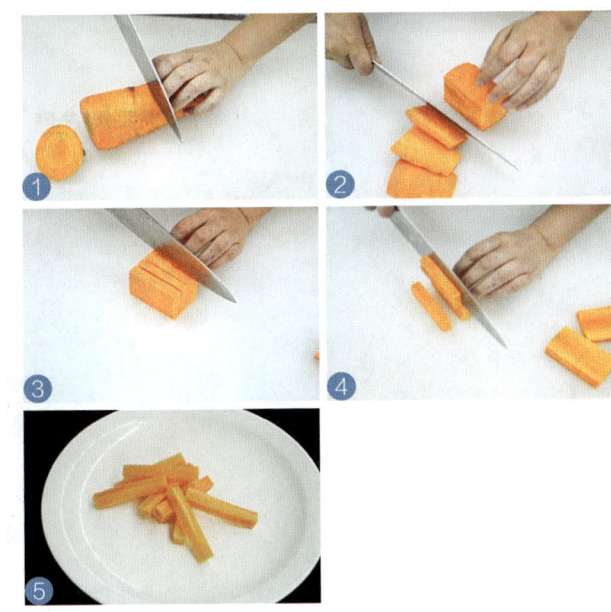

图 3-12 胡萝卜切条步骤

成品质量要求：
1. 粗约6mm，长约6～7cm。
2. 刀面整齐、切面不毛糙。
3. 成品出料率80%以上。
4. 成品安全卫生。

 **特别提示** ◆ 胡萝卜在切条时需要注意胡萝卜的中心和周围质地不同，新手在切配时容易发生切出来的条表面不均匀的问题，此时刀需要磨快。

训练2 土豆切片

训练目的

熟练使用正确的用刀姿势,掌握土豆切指甲片、菱形片的方法,并能运用于其他蔬菜的切片中。

原料知识导入

西餐的各种蔬菜片常用于各类西餐汤菜的制作,因为一般都要先经过炒制,再长时间炖煮,所以切片的时候要注意厚薄均匀,以确保加热后软硬一致。

图 3-13 切片用土豆

训练原料:
土豆1个

训练工具:
砧板、西餐刀、水果刀

训练器皿:
原料盘、8寸平盘

1. 土豆外皮洗净,用水果刀以旋削的方法去皮❶。
2. 将土豆切成长方块❷。
3. 去皮土豆切成长6~7cm、厚约1~2mm的片❸。
4. 将土豆片切成7~8mm宽度的片❹。
5. 切成7~8mm见方的片(刀垂直与原料成45°切成菱形片)❺。

图 3-14 土豆切片步骤

成品质量要求:
1. 厚1~2mm、大小7~8mm。
2. 刀面整齐、切面不毛糙。
3. 成品出料率80%以上。
4. 成品安全卫生。

> **特别提示**
> ◆ 切片时先确保大片的厚薄一致,再确保小片的大小一致,才能使最终成品均一。
> ◆ 指甲片与菱形片在使用中没有太大区别,只是菱形片给人以更加精细的感觉。

训练3 土豆切丝

训练目的

熟练使用正确的用刀姿势,掌握土豆切丝的方法,并能运用于其他蔬菜的切丝中。

原料知识导入

丝状蔬菜在西餐制作中也常见,如在制作汤菜、主菜配菜、冷菜中都可以见到,土豆丝的加工更能体现一名西餐厨师的刀工功力。

图3-15 切丝用土豆

训练原料:
土豆1个

训练工具:
砧板、西餐刀、水果刀

训练器皿:
原料盘、8寸平盘

1. 土豆外皮洗净,用水果刀以旋削的方法去皮❶。
2. 去皮土豆切成长6~7cm、厚约1mm的片❷。
3. 土豆片再切成粗细约1mm左右的丝❸。
4. 土豆丝用水冲洗干净,码放在8寸平盘内❹。

图3-16 土豆切丝步骤

成品质量要求:
1. 粗细约1mm、长6~7mm。
2. 粗细均匀、长短一致。
3. 成品出料率80%以上。
4. 成品安全卫生。

特别提示
- 切片后叠放原料不宜过厚,否则会导致切丝时原料打滑。
- 在切片时首先要厚薄均匀,才能确保丝的粗细一致。

训练 4 土豆切块

训练目的

熟练使用正确的用刀姿势，掌握土豆切块的方法，并能运用于其他蔬菜的切块中。

原料知识导入

加工成块状的原料通常用于需要加热时间较长的菜肴中，在西餐菜肴中常在汤菜或烩、焖类热菜中使用。除土豆外，很多蔬菜原料如胡萝卜、番茄、节瓜等，都可以使用此形状。

图 3-17 切块用土豆

训练原料：
土豆2个

训练工具：
砧板、西餐刀、水果刀

训练器皿：
原料盘、8寸平盘

1. 土豆外皮洗净，用水果刀以旋削的方法去皮。
2. 去皮土豆切成厚1.5~2cm的片❶❷。
3. 土豆片再切成粗细1.5~2cm的条❸。
4. 将土豆条切成大小均匀的块，每切一刀需要旋转土豆，因此也成为滚刀块❹。

图 3-18 土豆切块步骤

成品质量要求：
1. 大小一致。
2. 成品出料率80%以上。
3. 成品安全卫生。

特别提示
- 切滚刀块要注意每块的方向，做到看似不规则，但其实有规则。
- 在下刀时必须注意块的大小，避免大小不一致的情况。

训练 5　洋葱切末

训练目的

熟练使用正确的用刀姿势，掌握洋葱末的切法，并能运用于其他蔬菜的切末中。

原料知识导入

西餐原料的切末与中餐的完全不同，在中餐中切末常用的是剁的刀法，但在西餐中由于使用的是西餐刀，是不能使用剁的刀法，只能使用直切、拉切与铡切相结合的刀法。

图 3-19　洋葱

训练原料：
洋葱1个

训练工具：
砧板、西餐刀、水果刀

训练器皿：
原料盘、8寸平盘

1. 取一半洋葱，顺纤维将洋葱前面的4/5拉切成细丝❶。
2. 将切好的丝用刀横片约2～3刀❷。
3. 直切成末❸。
4. 若末不够细，用铡切法再切细❹。

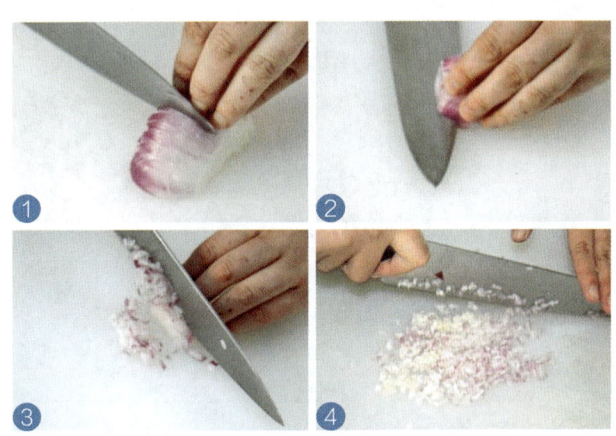

图 3-20　洋葱切末步骤

成品质量要求：
1. 末粗细均匀，颗粒清楚。
2. 成品出料率80%以上。
3. 成品安全卫生。

> **特别提示**
> - 尽量切末时做到切细，少用铡切，因为铡切会过多地破坏细胞，导致香味物质流失。
> - 切末的原料多为香味原料，切后砧板要注意清洁，因为原料的气味可能会渗入其中。

活动3 片法

在西餐烹饪中有很大一部分动物性原料,在进行刀工操作时有时是不能直接用切的刀法。对于动物性原料中无骨的原料,常使用片的刀法。片的刀法通常是用左手按住原料,手指略微上翘,右手持刀,刀与原料平行或成一定角度入刀(图3-21)。根据刀与原料的角度又可将片的刀法分平刀片、反刀片及斜刀片三种。

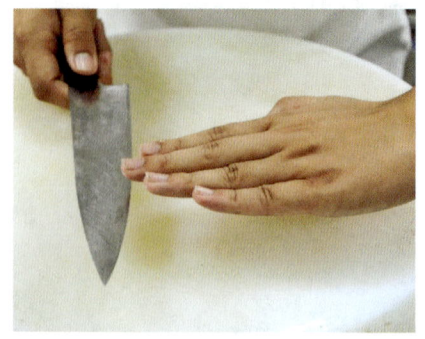

图 3-21 片法的入刀

一、平刀片

平刀片是原料与刀平行的用刀方式,在对原料的加工中根据原料的特性,用刀方法略有不同,可分为直刀片、拉刀片和推拉刀片三种方法(表3-5)。

表 3-5 平刀片的对照

片法	用刀方法	适合原料
直刀片	• 从原料的右端入刀 • 运刀平行推,一刀片到底 • 着力点在刀的中部	形状较小、质地软嫩的原料,如肉冻
拉刀片	• 从原料右前方入刀 • 入刀后由前往后平拉,将原料片开	形状较小、质地软嫩的原料,如鸡片、鱼片、虾片等
推拉刀片	• 从原料中部入刀,一般由原料下方出片 • 运刀平行前推,再后拉,反复数次将原料片断	韧性较大的原料,主要是各种生肉类

二、反刀片

反刀片用刀时左手按稳原料,右手握刀,刀口向右,用与直刀片或推拉刀片相似的方法将原料自上而下斜片下。反刀片通常适合大型的、带骨的而且具有一定韧性的熟料,如烤牛肉等。

三、斜刀片

斜刀片也称抹刀片,用刀时左手按稳原料,右手握刀,刀口向左,用与拉刀片相似的方法将原料自上而下斜片下。斜刀片常用于形状较小、质地较嫩的原料,如里脊、鱼虾等。

 **鱼肉切丝**

模块三
西餐原料准备

训练目的

熟练使用正确的用刀姿势,掌握鱼肉切丝的方法。

原料知识导入

西餐用的鱼类以海鱼居多,一般海鱼的肉质会比淡水鱼柔嫩,因此在做刀工的时候需要考虑不同的鱼类品质而使用最合适的工具和刀法。

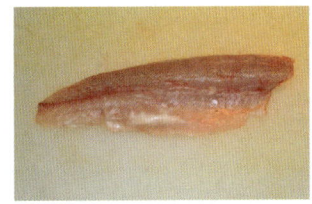

图 3-22　鱼肉

训练原料:
鱼菲力250克

训练工具:
砧板、西餐刀

训练器皿:
原料盘、8寸平盘

1. 鱼菲力取6~7cm长❶。
2. 鱼菲力用推拉法片成厚2~2.5mm的片❷。
3. 鱼片推切成粗细2~2.5mm的丝❸。
4. 将切好的丝码放在8寸平盘内❹。

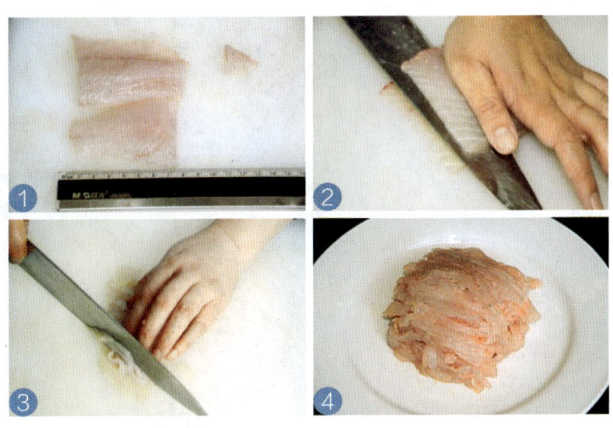

图 3-23　鱼肉切丝步骤

成品质量要求:
1. 粗细2~2.5mm、长短6~7mm。
2. 粗细均匀、长短一致。
3. 成品出料率80%以上。
4. 成品安全卫生。

特别提示
- 切鱼丝要顺纹路切,这样的鱼丝不容易断。
- 切之前应该把皮下的红肉去除。
- 在对三文鱼进行刀工准备时,尽量用拉刀片的方法一气呵成,不要推拉来切,避免鱼肉受损。

 牛肉切丝

训练目的

熟练使用正确的用刀姿势,掌握牛肉切丝的方法。

原料知识导入

西餐中牛肉丝可做各种不同的菜肴例如有俄式炒牛肉丝,因为西餐的牛肉丝一般会选择直接生炒,所以牛肉丝的切配要干净利落,不然会在烹制的过程中碎断。

图 3-24　牛肉

训练原料:
牛肉250g

训练工具:
砧板、西餐刀

训练器皿:
原料盘、8寸平盘

1. 牛肉片取长6~7cm❶。
2. 牛肉逆纤维方向切粗细2~2.5mm的片❷。
3. 牛肉片切成粗细2~2.5mm的丝❸。
4. 在8寸平盘内码放整齐❹。

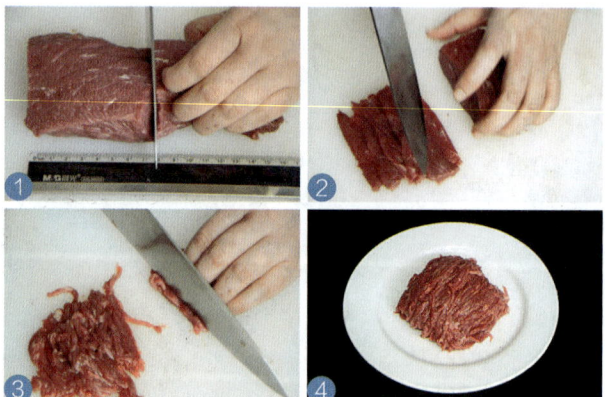

图 3-25　牛肉切丝步骤

成品质量要求:
1. 粗细2~2.5mm、长短6~7mm。
2. 粗细均匀、长短一致。
3. 成品出料率80%以上。
4. 成品安全卫生。

特别提示
- 牛肉丝逆纤维切,猪肉、鱼肉顺纤维切。
- 动物性原料会有一定韧性,切的时候较难把握粗细一致,需勤加练习。

活动4　剁法

剁的刀法是将刀刃垂直向下用力剁原料的刀工处理方法，也是西餐中动物性原料常用的刀法之一。与切的刀法不同之处在于刀刃没有前后拉动的动作，并需要完全抬高刀身，运刀频率相对稍快。剁的刀法根据原料加工要求的不同，又可分为剁断、剁烂、剁形三种（图3-26），其中剁断常用于骨头的剁断，剁烂用于制作细小的蓉、泥类，而剁形主要用于一些西餐主菜类原料的准备。

剁断
- 左手按住原料，右手握刀，用整个手臂的力量直剁下去
- 适合带细小骨头的动物性原料，如猪排、鸡、鸭等
- 工具：砍刀

剁烂
- 运用有规律有节奏的剁法，将小块的原料连续剁烂
- 适用于加工泥或蓉类原料，如鱼泥、虾蓉等
- 工具：西餐厨刀，使用刀的中部

剁形
- 用西餐厨刀的刀尖将原料的纤维斩断，再将原料的边缘进行修形
- 适用于加工肉排、鸡排等
- 工具：西餐厨刀，使用刀尖部分

图 3-26　剁的不同方法

鱼肉剁蓉

训练目的

熟练使用正确的用刀姿势，掌握鱼肉剁蓉的方法。

原料知识导入

鱼肉剁蓉在现代厨房中使用频率不大，因为现代化的厨房中较为普及的是粉碎机，它为厨房工作带来了高效率，但作为一名西餐厨师，必须对剁蓉的刀法有所了解。

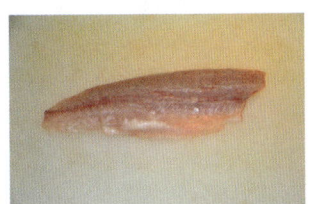

图 3-27　鱼菲力

训练原料：
鱼菲力250g

训练工具：
砧板、西餐刀

训练器皿：
原料盘、8寸平盘

1. 去除鱼菲力的红肉❶。
2. 将鱼菲力切丝后鱼丝切小粒❷。
3. 用刀剁鱼肉，直至鱼肉剁碎成蓉❸。
4. 堆放于8寸平盘中间❹。

成品质量要求：
1. 碎而不烂结构紧密。
2. 粗细均匀、无大块。
3. 成品出料率80%以上。
4. 成品安全卫生。

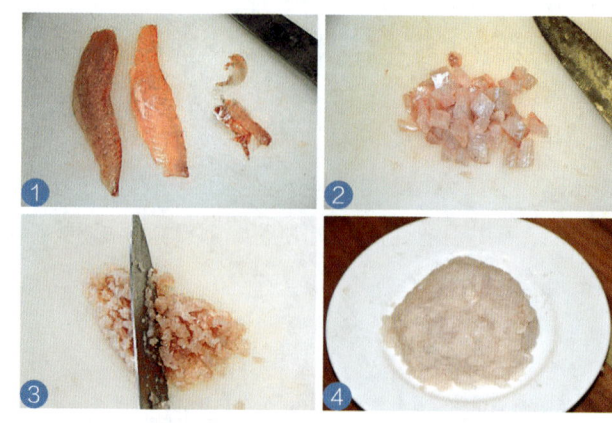

图 3-28　鱼肉剁蓉步骤

特别提示
- 鱼蓉要先去除红肉和大刺再进行剁蓉。
- 也可用于制作虾蓉等。

项目小结

西餐刀法是需要长时间耐心训练的，不同原料的刀工也有所不同，但基本功都是一样的。本项目系统地讲解了西餐的基础刀法和原料处理的一些基本形态。通过这些训练可以使学生打好坚实的基本功，为将来进入西餐冷菜厨房和热菜厨房做准备。

知识拓展

西餐其他刀法

在西餐的刀工中除了有切、片、剁等刀法外,还根据菜肴的制作要求常会使用拍、砍劈及包卷等基本方法。

1 拍

拍的刀法是西餐中传统的加工刀法,主要用来加工肉类原料,通过拍的刀法可以使原料的质地由硬韧变软,也可使原料的形状变薄,表面积变大,但这一过程会对原料的组织结构有一定的破坏。

拍的时候应将切成块的肉类横断面朝上放于菜墩上按平,右手握住拍刀用力下拍。用力的大小根据原料的韧度而定。可分为直拍和拉拍两种,通常两种方法是交替使用的,直拍可以将原料纤维拍平,而拉拍可将原料拍薄。

2 砍劈

砍劈主要用于大件带骨肉类的加工。一般用砍刀操作,运刀要准确有力,现代化的厨房常配备有锯骨机,可以省力操作且提高了工作效率,但在操作时必须安全操作,否则会带有人身伤害。

3 包卷

包卷就是将经拍刀加工成薄片的原料,平铺在菜墩上,用刀尖把纤维剁断后,再把一定形状的馅心放在中央,然后用刀的前部把原料从两侧向中部包严,常用于一些冷餐会菜肴的制作中。

想一想 练一练

一、判断题(判断正确的题目,括号内填"√",错误的填"×")

(　　)1. 原料通常可以被加工成片、丝、条、蓉、块等形状。

（　　）2. 原料体积越小，表面积也越小。

（　　）3. 用于炒的原料，其加工形状要小。

（　　）4. 原料加工时要求粗细均匀，长短无所谓。

（　　）5. 厨师在厨房切配原料时相互间可以聊天、打闹。

（　　）6. 丁字步法比八字步法更易疲劳。

（　　）7. 厨师的工作服应该整洁。

（　　）8. 片可以分为平刀片、反刀片及斜刀片三种。

（　　）9. 剁的刀法只将原料剁成蓉。

（　　）10. 现代化的厨房可以使用粉碎机来制蓉。

二、单选题（选择一个正确的答案，将相应的字母填入题内的括号中）

1. 牛肉适宜（　　）切。

　　（A）顺纤维　　（B）逆纤维　　（C）斜切　　（D）都可以

2. 在进行原料加工时腹部与操作台的距离应该是（　　）cm。

　　（A）5　　（B）10　　（C）15　　（D）20

3. 鸡肉适宜（　　）切。

　　（A）顺纤维　　（B）逆纤维　　（C）斜切　　（D）都可以

4. 猪肉适宜（　　）切。

　　（A）顺纤维　　（B）逆纤维　　（C）斜切　　（D）都可以

5. 旋削法不适宜进行（　　）的加工。

　　（A）去皮　　（B）修橄榄形　　（C）切条形　　（D）修荸荠形

6. 直切法可用于加工（　　）。

　　（A）土豆　　（B）牛肉　　（C）黄瓜　　（D）面包

7. 锯切法可用于加工（　　）。

　　（A）土豆　　（B）牛肉　　（C）黄瓜　　（D）面包

三、匹配题（下列图片与对应的名称用划线连接）

1. 在西餐厨房中不同颜色的砧板被用于不同原料的切配。

红色砧板	鱼、虾
黄色砧板	牛肉
白色砧板	鸡、鸽
绿色砧板	橙子、胡萝卜
蓝色砧板	熟食

2. 下列刀法分别用什么刀具来完成?

水果刀　　　　　　　　丝状

　　　　　　　　　　　去皮

厨刀　　　　　　　　　剁蓉

　　　　　　　　　　　橄榄形

四、思考题

1. 西餐的刀工中除常用切的方法,还有哪些刀法?
2. 举例说明各种刀法适用的原料,每种刀法两种原料。

五、操作题

1. 请按照下表中的要求完成操作,并完成下表。

原料名称	成品要求	原料质量 /g	初加工后原料的质量 /g	出成率 /%
土豆丝	粗细约 1mm、长 6~7mm			
六面橄榄形	长 5~6cm,粗 2.5~2.8cm 数量为 5 个			
红菜头丝	粗细约 1mm、长 6~7mm			
牛肉丝	粗细 2~2.5mm、长短 6~7mm			
鱼丝	粗细 2~2.5mm、长短 6~7mm			

2. 你的成品是否达到成品的要求,如果没有,请分析原因。
3. 你的出成率是否达到 80% 以上,请总结经验。

项目 2 西餐捆扎

学习目标

1. 熟悉西餐原料捆扎的特点和作用。
2. 能根据要求对原料进行正确的捆扎。

项目描述

捆扎处理是西餐中常用的原料处理方法，本项目是讲述西餐中捆扎的方法，通过捆扎不同原料深入学习西餐的捆扎方法。

项目任务

 捆扎的作用

【任务导入】

在西餐烹调中一些原料尤其是动物性原料，因为其本身的形态增加了加热烹调时的难度，为了达到菜肴的味和形俱佳，需要对原料进行必要的捆扎处理。

一、捆扎的概念

为满足西餐菜肴制作时的特定要求，在烹调前用线绳将烹饪原料捆绑整齐，这种方法被称为捆扎成形。

二、捆扎的作用

烹调原料尤其是一些动物性原料，有的质地松散，有的个体较大，在烹调过程中很难控制其成形的形状，捆扎能对原料的烹调起到良好的辅助作用（图3-29）。

肉类更紧实	保持原有的形态	原料受热均匀
对于一些大而松散的原料，通过捆扎可使原料变得紧实，且增大了原料的切面	防止烹制时受热变形，如整只禽类、乳猪、整鱼等	捆扎使原料得以固定，形成较规则的表面

图 3-29　捆扎的作用

任务 2　捆扎的方法

【任务导入】

厨师通过捆扎使原料的形态固定，从而更好地对原料进行烹饪调味。本任务通过学习和实践西餐中捆扎的基本方法，为将来从事西餐烹饪工作打好基础。

【任务实施】

一、禽类原料捆扎成形

禽类原料一般个体较小，在西餐菜肴制作中当需要进行整只烹调时，就必须对禽类原料进行捆扎以帮助其塑形，使其烹调时外表能均匀受热。

1. 小型禽类原料的捆扎方法

小型禽类主要是指个体相对较小的禽类原料，如鸽、鹌鹑、雏鸡、鹧鸪等（图3-30）。

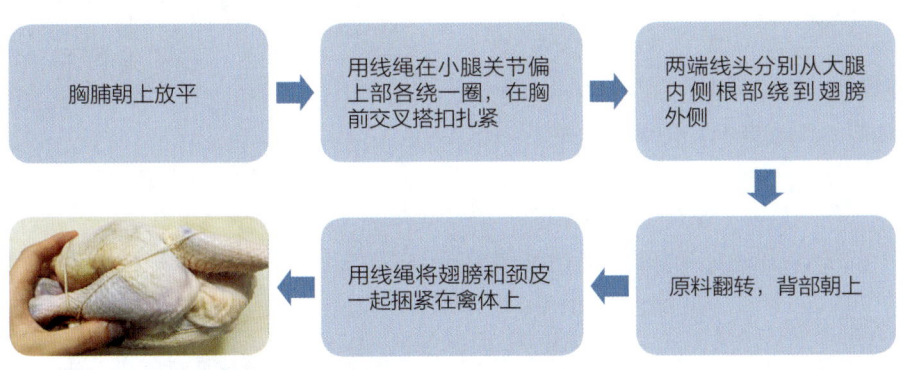

胸脯朝上放平 → 用线绳在小腿关节偏上部各绕一圈，在胸前交叉搭扣扎紧 → 两端线头分别从大腿内侧根部绕到翅膀外侧 → 原料翻转，背部朝上 → 用线绳将翅膀和颈皮一起捆紧在禽体上

图 3-30　小型禽类的捆扎

2. 大型禽类原料的捆扎成形

大型禽类原料主要是指个体相对较大的禽类原料，主要指鸡、鸭、鹅、火鸡等（图3-31）。

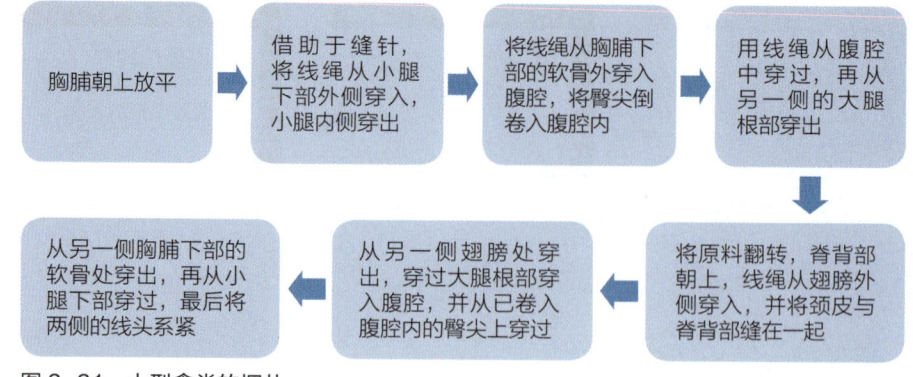

图3-31 大型禽类的捆扎

二、畜类原料捆扎成形

1. 剔骨羊腿的捆扎方法（图3-32）

剔骨羊腿的捆扎方法如图3-32所示。

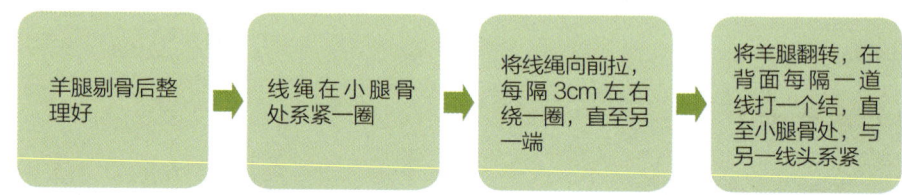

图3-32 剔骨羊腿的捆扎方法

2. 剔骨外脊肉的捆扎方法（图3-33）

剔骨外脊肉的捆扎方法如图3-33所示。

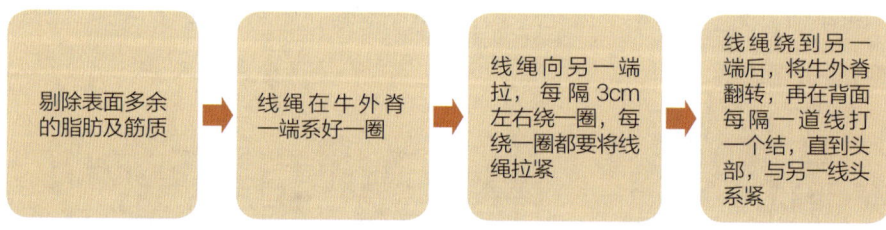

图3-33 剔骨外脊肉的捆扎方法

3. 大块带骨肉排的捆扎方法（图3-34）

大块带骨肉排的捆扎方法如图3-34所示。

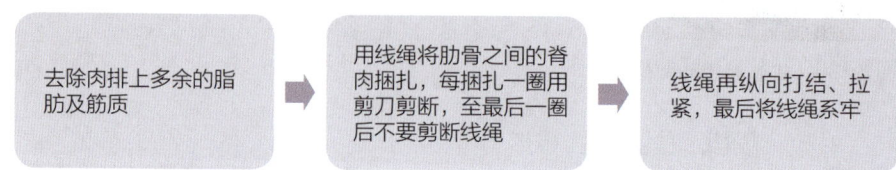

图3-34 大块带骨肉排的捆扎方法

训练 1　鸡肉卷的捆扎

训练目的

熟悉正确的捆扎手法，会鸡肉卷的捆扎。

原料知识导入

鸡肉卷的处理是建立在整鸡出骨上的，因此整鸡出骨的质量也影响着鸡肉卷的最终质量。

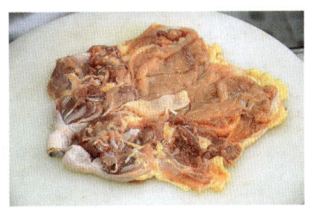

图 3-35　拆骨整鸡

训练原料：
已经拆骨的整鸡1只

训练工具：
砧板、绳子

训练器皿：
8寸平盘

1. 将已经拆骨的整鸡横向放在砧板上（左边为头，右边为腿）❶。
2. 自上而下卷起❷。
3. 用绳子从头处开始捆扎，共6~8圈❸。
4. 捆扎完成的鸡肉卷放在8寸平盘内❹。

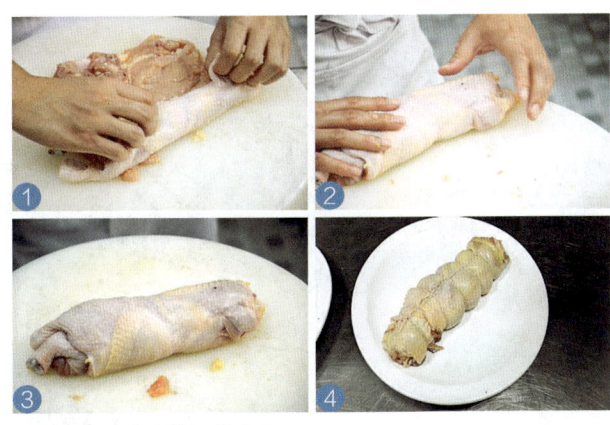

图 3-36　鸡肉卷捆扎步骤

成品质量要求：
1. 粗细均匀。
2. 捆扎的每一节距离相等。
3. 成品安全卫生。

特别提示
- 注意捆扎绳子时每一节鸡肉的长度。
- 现阶段很多厨师会用保鲜膜来卷鸡肉卷，但只能用于煮而不能煎，因为保鲜膜不能接受高油温。

训练 2 牛肉的捆扎

训练目的

熟悉正确的捆扎手法，会牛肉的捆扎。

原料知识导入

牛肉的捆扎可以使原本形态不好的肉体形态变得美观，同时捆扎后的牛肉也更利于厨师的烤制，也能更好地控制肉的成熟度。

在很多地方捆扎也是将原料进行保存的前提之一。

图 3-37　牛里脊

训练原料：
牛里脊1条

训练工具：
砧板、西餐刀、绳子

训练器皿：
8寸平盘

1. 去掉里脊上的筋膜❶。
2. 用刀稍作整形固定❷。
3. 用细绳逆纹路将牛里脊捆扎成圆形❸。
4. 捆扎完成的牛肉放在8寸平盘内❹。

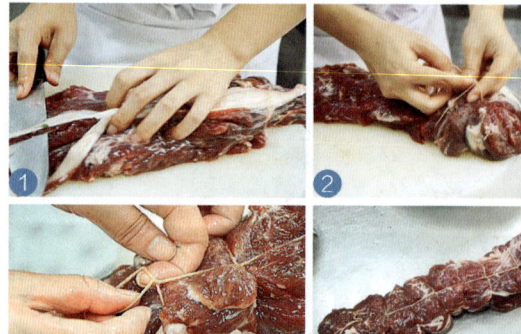

图 3-38　牛肉的捆扎步骤

成品质量要求：
1. 粗细均匀。
2. 捆扎的每一节距离相等。
3. 成品安全卫生。

特别提示
- 捆扎前一定要去除所有筋膜，确保原料的完整。
- 所有原料可依据烹调的需要调味后进行捆扎。

项目小结

原料的捆扎对菜品最后的呈现有着至关重要的作用，通过对不同原料的实操训练，能熟练掌握西餐中的捆扎技术。

烤填料牛排

在西餐菜肴中经捆扎的动物性原料常用来进行烧烤，这道烤填料牛排（图3-39）就是最好的范例，它使单一口味的牛排，因为填料而形成不同的风味。

1 原料

整块无骨牛排1000g、胡萝卜50g、香肠50g、干酪200g

图3-39　烤无骨牛排

2 原料处理

- 牛排剔除四周筋膜。
- 胡萝卜洗净，去皮，按牛排长度切成条状。
- 牛排用刀纵向戳几个洞。
- 在洞中依次填入胡萝卜条、香肠、干酪（可依据自己喜好）。
- 用绳捆扎牛排成圆柱形。
- 牛排表面均匀撒上盐、胡椒等腌料。

3 烹调

- 将牛排放在温度较高的烤炉中间，烤上色。
- 将牛排移到温度较低的烤炉边上，烤至牛排温度为65℃左右即可。
- 将烤好的牛排绳子去除，切成约10mm厚的片，装盘即可。

想一想 练一练

一、判断题（判断正确的题目，括号内填"√"，错误的填"×"）

（　　）1. 捆扎可以使质地松散的原料变得紧实。

（　　）2. 一些动物性原料受热后易变形，所以要用捆扎的方法。

（　　）3. 捆扎是不能改善原料的均匀受热的。

（　　）4. 鸡肉卷捆扎是将整鸡直接进行捆扎的。

二、思考题

1. 请叙述大型禽类与小型禽类捆扎有何不同？

2. 请叙述剔骨羊腿的捆扎方法。

三、操作题

1. 现有整鸡一只，请完成鸡肉卷的加工。

2. 在完成时你用到了哪些工具？

模块四

西餐基础汤和早餐的制作

项目 1
西餐常用烹调技法

学习目标

1. 掌握西餐常用烹调技法的原理。
2. 熟知西餐常用初步热处理的方法。
3. 会安全、正确使用西式炉灶。
4. 会按要求正确运用加热方法处理原料。

项目描述

烹调技法对厨师来说是重要的技能，西餐中常用的烹调技法有很多，按照传热方式可将其归类为水传热、油传热、空气传热和辐射传热等几种。

项目任务

 水传热

【任务导入】

水传热是以水为传热媒介，将热量传递给烹饪原料的方法，主要有煮、蒸、烩、焖等烹调方法，是菜肴制作中应用率较高，且能较好保持原料营养的传热方法之一。

【任务实施】

活动1 煮

煮是利用液体进行对流传热的一种方式，通常煮用得最多的液体为水。

一、水的特性

水在通常状态下，其沸点为100℃，但随着环境状况的不同，水的沸点

会发生变化（表4-1），如海拔高的地区，水的沸点会降低，这需要厨师对水的特性有充分的掌握，才能在不同的环境中，制作出可口的菜肴。

表 4-1 水的沸点影响因素

沸点的影响因素	具体表现
海拔	海拔每增高 1000m，水的沸点会降低 1℃ 海拔过高，对食物来说，尤其是动物性食物无法成熟，此时需要用压力锅来解决
其他物质	在水中加入一些调辅料，也能改变水的沸点 水中加酒精度较高的蒸馏酒，会使水的沸点降低 水中加盐或糖时，会使水的沸点上升

二、煮的分类

（一）冷水煮和热水煮

冷水煮和热水煮是根据原料放入水中时水的温度来分类的，冷水煮是将原料直接投入到冷水锅中煮制，而热水煮是将原料投入到沸水锅中煮制。这两种方法用得最多的是对西餐原料进行初步热加工，分别达到对原料的不同处理效果（表4-2）。

表 4-2 冷水煮和热水煮的作用

名称	加工作用	适用范围
冷水煮	（1）可去除原料中的血污、过多的脂肪及杂质 （2）可去除原料中的不良气味 （3）可缩短原料正式烹调的时间	动物性原料
热水煮	（1）可使动物性原料表层发生收缩，避免原料中的水分、营养物质流失 （2）可使原料吸收部分水分，而体积膨胀 （3）可使原料中酶失去活性，避免原料变色 （4）可快速除去植物性原料的表皮 （5）可软化植物性原料的纤维等物质，更加容易烹调	植物性原料、少量的动物性原料

（二）沸煮与温煮

沸煮与温煮是以原料保持在怎样的温度进行煮制来分类的，沸煮是原料始终在沸腾的水或基础汤中煮制，而温煮是原料始终在低于沸点的水或基础汤中煮制。现代最时尚的低温烹调法，其中便有温煮这一方法。沸煮与温煮加工的方法及效果都是不同的（表4-3），对于厨师来说，用对方法能最大程度地体现出原料的特性。

表 4-3　沸煮与温煮的区别

区别	沸煮	温煮
温度	100℃	70～90℃
烹调时间	短	长
原料营养破坏	少	极少
口味	能保留原料的原味，软嫩、清淡爽口	能保持原料较多水分，质地鲜嫩、口味清淡、原汁原味
用水量	完全浸没原料	刚好浸没原料
锅盖	不需要	可加盖，但需要适当地打开锅盖，以释放原料中的不良气味
操作过程	及时撇去浮沫，以避免浮沫粘在原料上	火候均匀，使原料在同一时间成熟
适用原料	适用原料多	适宜质地鲜嫩、粗纤维较少、水分充足的原料

活动2　烩和焖

烩和焖是西餐菜肴制作中常用的烹调技法，它们共同的特点就是都需要先将原料切配成形，并进行初步的热加工，通常是经过简单的煎制，使其表面形成硬壳，阻止汁水溢出，再放入基础汤或少司中进行烹调，其中因为使用的少司颜色不同，也可分为红烩、白烩等。虽然它们有相似之处，但在制作中也存在着区别（表4-4）。

表 4-4　烩与焖的对比

区别	烩	焖
烹调时间	短	长
原料形态	小块或丁	大块或小块
初步热加工方法	煎或热水煮	煎
口味	原汁原味、口味浓香、色泽鲜艳	软烂、口味浓香、原汁原味
汤汁量	浸没原料	浸没原料的 1/3～1/2
加热设备	炉灶或烤箱	烤箱
少司	少司与原料一起烩	原料焖制后的原汁调制出少司
适用原料	适用原料多	适宜制作结缔组织多的原料

 任务2 油传热

【任务导入】

油的榨取使得我们厨师的菜肴瞬间变得丰富多彩起来，通过厨师的不断研究，衍生出用油作为传热介质的各种烹饪方法，如煎、炸、炒等。油加热后温度可以达到200℃以上，远远高于水的沸点。

【任务实施】

活动1 煎

煎是西餐烹调中常用的油传热的烹调方式，通常将原料加工成一定的形状，腌制后，用少量的油在平底锅中加热上色。

一、煎的方法

煎是西餐烹调中最为考究的烹调方法之一，也是西餐厨师应具备的基本技能，在煎制过程中需掌握其要点。

（一）油的使用

在煎制过程中用油量以少为要点，最多也不能超过原料厚度的1/2。用油量的多少与原料的大小、吸油量有关，在煎制过程中如果油不够，可添加少量的油，但不能多，因为冷油太多，会影响传热。

煎的加热方法还需要解决的是原料粘锅的问题，可以用两种方法来解决：一是选择不粘锅煎制，但需要注意不能使用金属的锅铲，否则会使不粘锅表层被破坏；二是使用热锅冷油的方法，即空的平底锅上炉灶加热至高温后，浇入冷油，再加热冷油至一定温度后煎制原料。

（二）原料的处理

用于煎的原料都需要进行一定的初加工，即切割成形，再进行初步的腌制，在煎制时有直接煎、面粉煎和蛋煎三种方法（图4-1）。

图4-1 煎的方法

（三）油温

使用煎的烹调方法，通常油温控制在120～170℃，最高不能超过190℃，最低不低于95℃。

二、煎的操作要点

对于西餐厨师来说，煎是必须掌握的操作技能之一，主要体现对油温的控制和原料成熟度的把握上。

（一）油温的控制

厨师在制作煎类菜肴时所使用的油温不是一成不变的，一般都是先用较高的油温使原料表面形成硬壳，防止原料内的汁水溢出，再降低油温煎制，使原料内部达到所需的成熟度，除此以外还应该根据原料的大小、质地等进行灵活的调控（表4-5），才能做到菜肴既有漂亮的外观，又有恰到好处的口感。

表 4-5 油温的控制

原料特点	油温
薄且易成熟的原料	高油温
厚且不易成熟的原料	低油温
蛋煎原料	低油温
体积大且不易成熟的原料	先煎后烤

（二）原料的成熟度

西餐菜肴中使用煎的烹调方法非常多，畜类原料、禽类原料以及水产类原料都可使用煎的方法制作菜肴，一般要求原料通过煎达到全熟，并能保持原料内部的嫩度。但牛排具有特别的要求，通常是根据食客的需求，将牛排煎至所需的成熟度（表4-6）。

表 4-6 牛排成熟度对比

成熟度	图片	特点
三成熟		表面褐色，内部为红色
五成熟		表面褐色，内部灰色肉层更厚一些，中心为粉红色
全熟		表面褐色，肉内部整体呈灰色

活动2　炸

炸是一种旺火、多油的烹调方法，可以使菜肴呈现外脆里嫩的特点。适用于粗纤维少、水分充足、质地脆嫩、容易成熟的原料。

一、炸的方法

在西餐烹调中炸是最常用的一种烹调方法，因为它具有脂香气和外脆里嫩等特点，深受食客的欢迎，同时也能考验一名西餐厨师对油温的把握能力。

（一）油的使用

使用炸的方法需要较高的油温，因此不能使用一些燃点较低的油，如黄油、橄榄油等。

使用油的量要比煎多，必须浸没原料，这样才能使原料均匀受热，成品外表面色泽一致。经过高温多次炸制后的油，行业中也称为陈油，陈油的颜色会变深，原料炸制时更容易上色，陈油会被氧化，因此炸制出来的成品会带有不良气味，不利于人的身体健康。

（二）原料的处理

用于炸的原料必须经过原料的初加工及刀工准备，使之形成所需的形状后再进行炸制。炸制时可以根据需要分为裹衣炸、非裹衣炸两种（图4-2）。

裹衣炸
- 可分为两种方法：
  （1）在原料表面依次粘上面粉、蛋液和面包粉，进行炸制
  （2）在原料表面粘上一层面糊，进行炸制
- 适合粗纤维少、水分充足、质地脆嫩的原料，如鱼虾类、鸡类等
- 成品具有外脆里嫩的特点

非裹衣炸
- 原料表面不粘任何东西，直接进行炸制
- 适合一些植物性原料，如土豆等，也适合一些动物性原料，如鸡等
- 成品具有香脆的特点

图4-2　炸的方法

（三）油温

炸制时油温通常在140～160℃，最高不宜超过190℃，最低一般不低于130℃。在现代化西餐厨房中通常使用电炸炉，具有温控装置，能很好的控制油的温度。

二、炸的操作要点

（一）原料的大小

原料的体积大小决定了炸制时的油温高低及炸制时间，通常体积较大，不易成熟的原料，在炸制时选用较低的油温，使热能传导到原料内部。如果是原料体积较小，或较易成熟，则可使用较高的油温，使原料快速成熟，且保留内部的水分。

（二）操作过程

（1）原料不宜同时过多的放入油锅中，这样做会快速降低油温，从而影响烹饪质量。

（2）尽量不要将味浓的食物与味淡的食物在同一锅内炸，否则会使原料之间串味，如薯条不应和鱼在同一锅炸，不然会使薯条带有鱼腥味。

（3）及时处理炸过的油，去除其中杂质，保持油的清洁，否则会影响成品的色泽。

（4）每天都要用新油换掉15%～20%的陈油，这样会延长油的使用时间。

（5）炸制前要将食物中多余的水分滤净，炸槽和炸篮清洗后要彻底控干，保持炸篮干燥，以防油溢溅。

（6）不要在油上给食物撒盐。

（7）用清洁剂清洗后，要将炸槽和炸篮清洗干净。

活动3 炒

炒是最基本的烹调技术，是应用范围最广的一种烹调方法，是用少量油加热食物成熟的过程，加热时间短，温度高，所以需要将原料加工成较小的块状，如丝、片、末等形状。能使菜肴具有脆嫩、鲜香的特点。较适用于质地鲜嫩的原料和一些熟料。

在西餐烹调中最为常见的炒制类菜肴当属意大利面条（图4-3）的制作了，无论什么口味的意大利面条，在制作时用到最多的烹调手法就是炒了，由于炒是一种快速加热的方法，在炒面条时，如果面条是冷的，就需要长时间炒制，才能达到热的温度，此时面条可能会断，所以炒面条前可以先煮面条，使其变热之后再炒。

图4-3 奶油意面

在西餐烹调少司、汤菜时也会用到炒的方法，如炒洋葱、炒蔬菜，此时可以使用橄榄油或者黄油，需注意油温的控制，否则会影响菜肴的色泽与香味，尤其是在炒洋葱或蒜泥时，一定小火慢炒，使其缓慢受热，其中的呈香物质逐渐呈现，使之在菜肴中达到最佳的香气。如果使用大火高温炒，会使洋葱或蒜泥的香气迅速散发，成菜时失去应有的香味，而且大火高温还会使它们上色变焦，从而影响到菜品的色泽。

任务3 空气传热

【任务导入】

以空气的对流来传导热量的传热性质我们称之为空气传热，它会给食物带来一系列很独特的风味，西餐烹调中常用的烤、焗等都属于这种传热方法。

【任务实施】

活动1 烤

烤在西餐中最常见，无论是菜肴制作，还是面点制作，都会使用烤的加热方法。烤是利用烤箱或烤炉内对流的热量对原料加热的一种烹调方法，制作出来的菜肴具有良好的特殊风味，外焦里嫩。

用于烤制的原料一般都是整块的或制作体积较大的原料，需要将原料经过初加工整形，再进行腌制入味，最后放入一定温度的烤箱或烤炉内，至所需的成熟度。烤制时的温度通常是在140～240℃，根据使用热能的不同可分为炭烤和电烤（表4-7）两种方法。

表 4-7 炭烤与电烤的比较

	炭烤	电烤
热能来源	木炭燃烧产生的热能	电能转化成热能
成品特点	木质特殊的焦香味	一般的焦香味
温度控制	木炭及氧气的增减	有温控装置
安全卫生	会产生较重的烟气，影响环境，且此类方法可能会在食物表面形成致癌物质	无较重的烟气，较安全

在使用烤的加热方法时需掌握以下技巧。

（1）烤箱或烤炉箱体内部温度是不均匀的，通常越靠里面温度越高，在烤制时需要及时地更换食物的方向，以确保食物的色泽均匀。

（2）对于整块的大体积原料，需要先用较高炉温使其表面形成硬壳，而防止内部水分的流失，再降低炉温使食物达到所需要的成熟度。更加简单的方法是先在炉子上高温煎，使其表面形成硬壳，再进行烤制。

（3）如果原料表面颜色已经达到要求，但成熟度还不够时，继续烤制会使食物表面颜色太深或焦化，此时可以在食物表面加盖一层铝箔，使其不直接受热。

（4）烤制过程中依据实际情况，可在原料表面刷油或淋烤肉的原汁。

活动2　焗

焗也是在烤箱或烤炉中进行烹调的，但与烤有着明显的不同，就是焗必须在原料表层覆盖一层较浓厚的少司或盐等再进行烤制，在西餐中通常会使用浓少司覆盖，如芝士焗明虾等菜肴（图4-4）。

焗的温度相对要比烤的高一些，通常是在180～300℃，焗的温度虽然比较高，但是由于原料表面不是直接受热的，而是由少司覆盖，所以制作的菜肴很好地保持了原料质地的鲜嫩，同时又具有芳香的气味，口味也较浓郁。在西餐中常用焗的方法来制作鱼、虾等质地鲜嫩的原料，或者粮食类原料，如意大利面条、焗饭等，也可以用来制作蔬菜类原料，如焗土豆等。

在使用焗的加热方法时需掌握以下技巧。

（1）少司稠度合理选择是关键，通常覆盖在表层的少司会略厚，置于焗盅底部的少司略薄一些，使用明火炉焗时少司需要薄一些，用电烤箱焗时少司需要厚一些。

（2）用于焗的少司很多时候会使用奶油少司，在制作奶油少司时使用热面酱热汤的搅打方法，必须使面酱上劲，否则焗制菜肴表面会塌陷，而影响菜肴品质。

（3）焗时需随时调整温度，使菜肴表面呈现均匀的金黄色，温度的调整可以使用温控装置，也可以调整原料高度。

活动3　铁扒

铁扒是具有明显西餐特色的一种烹调方法，需要在特殊的铁扒炉上进行，铁扒通常有平面的和条纹的两种（图4-5），其区别在于，平面的能使原料均匀受热，条纹的则能使原料表面形成漂亮的纹路（图4-6）。

图4-4　焗明虾

图4-5　铁扒炉

图4-6　铁扒牛排

铁扒通常温度控制在180～200℃，高温能使原料表面迅速碳化，既能有效锁住原料内部水分，防止水分流失，也能使菜肴带有比较明显的焦香味，呈现较佳的风味，深受食客的欢迎。铁扒的时间控制在4～10分钟左右，需要依据原料厚薄及食客的要求来决定加热时间。

在使用铁扒的加热方法时需掌握以下技巧。

（1）对于较厚、不易成熟的原料，需要高温将其扒上色，再降低炉温扒至成熟。

（2）铁扒炉使用后会附着焦黑物质，需要及时清洗干净，如果长时间不用时，也需要上油以防止生锈。

（3）一些质地鲜嫩的原料都适合使用铁扒，如牛里脊、牛外脊、鱼、蔬菜等。

活动4　串烧

串烧（图4-7）是将加工成片状或块状的原料进行腌制，再用金属扦或竹扦将其串连成串，在明火炉上加热成熟，无论是在西餐还是中餐中都非常常见。

在西餐中串烧的加热方式可以是油煎成熟，也可以使用炭火加热，通常温度控制在180～300℃，由于高温短时间加热，能使菜肴口味浓郁，并带有明显的焦香味，比较适宜一些质地鲜嫩的原料，如海鲜等。

在加热时需掌握以下技巧。

（1）原料要求刀口均匀一致，在准备原料时需要考虑原料的均匀受热，因此大小应该是一致的，但也需要考虑动物性原料加热后会收缩，而植物性原料通常较少收缩，所以在同一串原料中动物性原料应该比植物性原料略大，这样制作出来的串烧具有较佳的外观。

（2）动物性原料在串烧前应该适当的腌制。

（3）肉串肉与肉之间应该保持间距，以便均匀受热。

图4-7　海鲜串

任务4 辐射传热

【任务导入】

现代先进的技术，使辐射的利用得以广泛使用。利用辐射对食物进行加热，成为西餐烹调中较特别的烹饪方法。本任务就是让我们对这些烹饪方法做一个系统的了解。

【任务实施】

辐射传热在烹饪中最常用的是微波辐射，它是利用微波，引起食物内部的分子振动，从而产生热量，其烹饪速度比其他加热方法要快4~10倍，热效率高达80%以上。不同型号的微波炉功率不同，一般为500~2000W。功率越高，产生的能量越大，食物加热速度越快，多数微波炉可根据需要来调节能量的大小。

在西餐厨房中一般不使用微波炉进行烹调食物，只用于快速解冻食物原料。相对于常温解冻等方法，微波炉解冻速度要快，但也会少量破坏原料的质量。

在使用微波的加热方法时需掌握以下技巧。

（1）由于微波炉只对水分子起作用，因此用微波炉给水分含量高的食物加热比给水分含量低的食物加热速度快。

（2）如果是大块食物，需要翻转一两次，以保证其受热均匀。

（3）加热大块食物时需要一定的时间间隔，以使热量从食物表面传到内部。

（4）若微波炉上设有解冻程序，用此程序解冻，能量低，解冻均匀，避免由于热量不均，产生生熟不均的现象。若无此程序，请使用开关程序。

（5）在一般标准的微波炉内加热少量食物不会焦糊，大块的烤肉会因其自身产生的热量而焦糊。有些微波炉则特别加上了上色功能。

（6）仔细观察，准确计时，过度烹调是使用微波烹调中常犯的错误，要切记高能烹调少量的食物，所需时间极短。

（7）放在盘子边缘的食物比放在中间的食物加热快，这是因为放在盘子边缘的食物不仅接受来自热源的热量，还接受反射在四壁的射线的辐射。因此用微波烹调食物时要注意以下两点。

①将盘中心的食物压扁，使其比盘子边缘的食物薄，以使整盘食物加热均匀。

②在同一盘中加热不同食物时，将水分含量大的食物如蔬菜放在盘子中

心,将较干燥的食物如熟肉等放在边上。

(8)微波炉无法穿透金属,金属会阻碍热量传播,如用微波炉烘烤用锡箔纸包的土豆是无法烤熟的。

旧式的微波炉一般不能往炉内放任何金属,以免金属反射回来的射线损伤磁控管,新式的微波炉内可以放金属,如可把食物放在铺有锡纸的盘中加热,以防止某些食物被烹调过度,具体情况请遵照制造商提供的操作程序操作。

由于使用微波炉烹调时间短、速度快,因此肉中的结缔组织不会分解,必须先使用湿性加热法将结缔组织分解,再用微波炉加热。放入微波炉的食物越多,烹调需用的时间就越长。

项目小结

西餐烹饪方法和西餐刀法一样是需要长时间耐心训练的,选择不同的烹饪方法会直接影响菜肴品质,通常在烹调时可使用单一的加热方法,也可以使用复合的加热方法,即使用两种以上的加热方法烹调食物。本项目主要介绍了西餐常用的烹饪方法,需要学习者熟知,为将来冷菜厨房和热菜厨房做准备。

烹调操作基本技法

烹调操作是一种较繁重的体力劳动,同时又是一项复杂细致的技术工作,在炉灶上工作,需要随时注意操作的安全,防止安全事故的发生。

1 临灶姿势

西餐厨师在上灶时,应面朝炉灶,身体直立,上身略向前倾,不要弯腰屈背,两脚呈八字站稳,全身肌肉放松,左手握煎盘把或锅柄,右手拿木铲或夹子等工具,两眼直视煎盘中菜肴的变化,双手自然配合,动作敏捷、干净、利落。

2 临灶要求

作为一名西餐厨师在上灶前,应衣帽穿戴整齐,注意力集中,并随时注意炉灶周围的卫生状况,做到随时清理干净。

3 煎盘的使用技能

煎盘是西餐烹调中的主要烹调工具，熟练使用煎盘是西餐烹调的基本功之一。厨师在使用煎盘时一般左手握住煎盘把，掌心朝上，五指自然合拢，要求握稳、握紧，但不能握死，即灵活运用煎盘，使之自如地翻转（表4-8），达到食物的均匀受热。

表4-8 煎盘运用方法

运用方法	动作要领	特点
小翻	煎盘端平衡，先往前送出，使菜肴借助惯性滑到煎盘前端，再将煎盘略上扬，向后一拉，将菜肴翻转	每次翻动原料的1/2左右，一般连续翻动
大翻	煎盘端起，煎盘把上斜呈45°～70°，借助惯性将菜肴送起，使整体翻转过去，再将煎盘缓慢下落，使翻转的菜肴轻落于煎盘内	较常使用的方法，适宜翻动量大的菜肴，一般不会连续翻动
拉翻	煎盘放在炉灶上，煎盘把上斜呈45°，先往前送出，再往后一拉，拉时将煎盘把稍往下压，使菜肴翻转过来	较方便的方法，适宜翻动量小的菜肴，一次可翻动菜肴的1/2，可连续翻动
转动	用拇指与其余四指拢住煎盘把，快速将煎盘向左转动，再迅速拉回使菜肴借助惯性在煎盘内转动	广泛用于各种煎制菜肴，视火候的情况掌握转动的次数
抖动	手腕将煎盘不断向左转动使煎盘中还有液体的菜肴借助惯性随之转动	适用于炸、烩制或有液体的菜肴，操作时视火候的情况掌握抖动频率

想一想 练一练

一、判断题（判断正确的题目，括号内填"√"，错误的填"×"）

（　　）1. 海拔越高，水的沸点越高。

（　　）2. 盐能使水的沸点上升。

（　　）3. 沸煮需要及时撇去浮沫。

（　　）4. 沸煮相对于温煮时间长。

（　）5. 油的沸点比水的高。

（　）6. 煎比炸用的油要少。

（　）7. 煎只有面粉煎和蛋煎两种。

（　）8. 牛排的成熟度应满足食客的要求。

（　）9. 用陈油比新油炸更容易使原料上色。

（　）10. 炒洋葱末时一定要用大火快炒。

（　）11. 烤制时的温度通常是在 140～240℃。

（　）12. 炭烤有较重的烟气，会污染环境。

二、单选题（选择一个正确的答案，将相应的字母填入题内的括号中）

1. 水在通常状态下沸点是（　　）℃。
　　（A）80　　　　（B）85　　　　（C）90　　　　（D）100

2. 热水煮可以（　　）。
　　（A）去除原料中的不良气味　　　（B）缩短原料正式烹调的时间
　　（C）使酶失去活性　　　　　　　（D）去除原料中的血污

3. 温煮的温度在（　　）℃。
　　（A）70～90　　（B）60～90　　（C）80～90　　（D）低于 100

4. 煎的油温不能超过（　　）℃。
　　（A）120　　　　（B）170　　　　（C）190　　　　（D）95

5. 炸不能使用（　　）油。
　　（A）食用调和油　（B）黄油　　　（C）豆油　　　（D）花生油

6. 对于体积较大且不易成熟的原料适合（　　）。
　　（A）高温煎　　（B）低温煎　　（C）先煎后烤　　（D）都可以

7. 三成熟的牛排其特点是（　　）。
　　（A）表面褐色，内部为红色　　　（B）表面褐色，内部为粉红色
　　（C）表面褐色，内部为灰色　　　（D）表面、内部都为粉红色

8. 烤箱内部，越里面温度越（　　）。
　　（A）高　　　　（B）低　　　　（C）无变化　　　（D）都有可能

9. 如果原料表面已上色，但里面还没熟，需要（　　）。
　　（A）将原料拿出烤箱　　　　　　（B）在表面加盖铝箔，继续烤
　　（C）继续烤　　　　　　　　　　（D）表面刷油后再烤

三、匹配题（下列图片与对应的名称用划线连接）

1. 下列烹调方法分别属于哪种传热方式？

煮	水传热
煎	
烤	
炒	油传热
铁扒	
炸	
焗	热空气传热
烩	
串烧	

2. 烩和焖各自有什么特点？

烩	适宜结缔组织多的原料
	汤汁需要浸没原料
	加热时间短
焖	用炉灶加热
	汤汁浸没原料的 1/3～1/2
	原料切大块

四、思考题

1. 请列举6个你知道的西餐菜肴，并说明其主要的烹调方法。
2. 煎牛排时如何防止牛排粘锅底？

项目 2 基础汤的制作

学习目标

1. 知道西餐基础汤的分类、特点。
2. 能制作各类西餐基础汤。

项目描述

基础汤是西餐烹饪中常用的一种辅助原料,虽然是辅助原料,但却是非常讲究的,尤其是一些高档西餐馆,无论是制作汤、冷菜或煮少司,都会使用基础汤。

项目任务

任务1 基础汤的作用与分类

【任务导入】

基础汤是西餐中对高汤的称呼,世界上几乎所有国家的烹饪都离不开它,要成为一名好的西餐厨师必须掌握基础汤的制作技能。

【任务实施】

活动1 基础汤的作用

基础汤是指使用含有可溶解的鲜味成分的原料加入必要的去腥呈香的辅料,经过一定时间的煮制而成的液体。在西餐中常用的制汤原料有家畜类、水产类原料的骨头,也可以使用蔬菜制作基础汤。

基础汤制作过程中依据原料特性,将其中的营养成分、鲜味物质及香味物质充分地提炼出来,所以制作时间各有不同,通常家畜类制汤时间最长,水产类制汤时间最短。

基础汤具有丰富的蛋白质，提升了营养价值，同时一些谷氨酸、鸟苷酸、肌苷酸、酰胺等使基础汤具有天然的鲜味，因此基础汤不仅能够提升菜肴的营养价值，而且使菜肴变得更加鲜美，在西餐中可以直接作为汤菜的汤底，也可以进一步制作成热菜的少司。

在西餐的汤菜中绝大多数都需要基础汤来制作，不同的汤菜需要使用不同的基础汤，是有讲究的，如罗宋汤用牛基础汤，奶油汤需要用鸡基础汤。基础汤使用最多的在于制作热少司，西餐热菜最大的特点在于菜肴与汁水分开制作，汁水在西餐中称为少司，热菜少司的制作离不开基础汤，但基础汤不能直接用于制作热菜少司，通常是将基础汤制作成基础少司，再根据热菜少司的要求制作出符合要求的少司，这是非常考验西餐厨师的基本功和创新能力的。

在西餐中，基础汤并不是成品的汤，可是它又直接影响了菜肴的质量，可见其重要性，作为一名西餐烹调的学习者，需要有此扎实的技能。

活动2　基础汤的分类

在西餐烹调中，基础汤是多种多样的，通常根据汤的颜色及原料进行分类。

一、基础汤按颜色分类

根据基础汤的颜色分类，是常见的一种分类方法，也体现了西餐烹调中基础汤的不同制作方法。按照此种分类可以将基础汤分为白色和上色基础汤两种（图4-8）。

白色基础汤的颜色是无色透明的，味道非常鲜美。动物的骨骼或肌肉皆

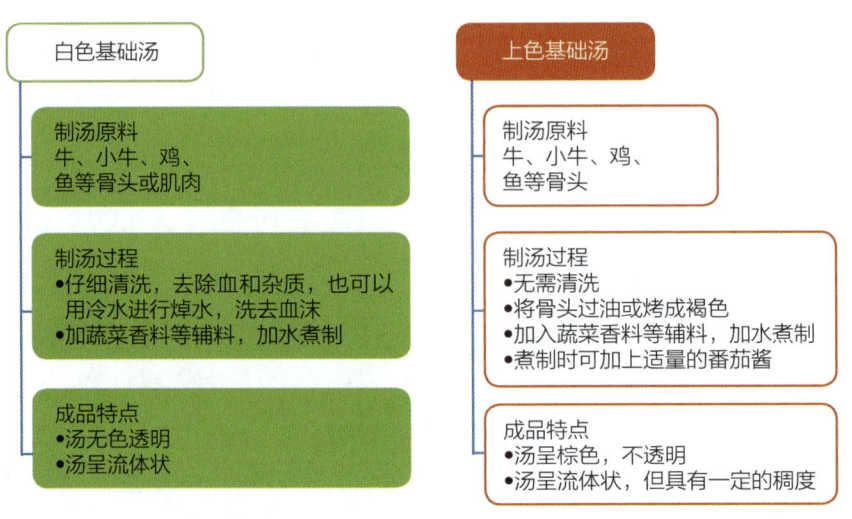

图4-8　两种颜色的基础汤

能用于制作此汤。上色基础汤，也可称为棕色基础汤或布朗基础汤，其颜色呈棕色，具有特定的香味，通常使用动物的骨骼制作而成。

二、基础汤按原料分类

基础汤除按颜色分类外，还可以根据使用的原料将其分为牛基础汤、鸡基础汤、鱼基础汤、蔬菜基础汤等，如牛基础汤就是用牛骨或牛肉制作而成的汤。在所有的基础汤中，蔬菜基础汤是较特殊的基础汤，它是餐厅专门提供给素食主义者的，现代西方人的饮食观念逐步发生变化，已经有越来越多的西方人开始食素，因此蔬菜基础汤在现代餐厅中的地位越来越重要了。

蔬菜基础汤的主要成分包括各类蔬菜、香草香料和水，有时也会加入葡萄酒。煮制各种蔬菜基础汤没有固定比例，想使其带有某种蔬菜的特殊香味，就加大这种蔬菜的分量，如想让蔬菜基础汤中带有芦笋的原味，那就在煮汤时加入大量的芦笋，并选用少量的辅助蔬菜，如洋葱和芹菜，以使芦笋的香味更浓郁。制作蔬菜基础汤需要严格控制时间，足够长的时间有利于香味成分的提取，但也可能导致香味散失或产生其他异味，通常最适宜的煮制时间为30~45分钟。

 基础汤的制作

【任务导入】

无论哪个国家在制作汤时所使用的原理是相通的，作为一名西餐厨师，必须掌握其制作要点，并做到灵活运用。

【任务实施】

活动1 制作基础汤的原料

在掌握基础汤制作要点前，必须了解西餐基础汤所用的原料，才能在工作时灵活运用。基础汤中所用的原料除了主要制汤原料如骨骼等，还会使用蔬菜香料、香草香料及调味料，使汤发挥出最大的香味，呈现其特定的味道。

一、制作基础汤的主料

（一）骨骼

骨骼是制作基础汤的主要原料，不仅是因为骨骼中含有较丰富的营养物

质和鲜味物质，也是从成本核算角度考虑，将骨骼加以利用，使原料得以最大限度地使用。

骨骼中除了蛋白质、维生素等营养物质，还有在结缔组织中存在的胶原蛋白，当原料经过慢火烹制后，胶原蛋白能部分分解到汤中。胶原蛋白的存在能提升汤的滋补作用，同时也能增加汤的稠度，因此在制作较浓稠的基础汤时，就需要使用含胶原蛋白比较多的原料，如骨骼中的软骨组织或结缔组织。在西餐的基础汤制作中，软骨结构是较好的原料。相对而言，幼崽骨骼中含有比成年动物更多的软骨结构，而随着年龄的增长，这些软骨结构逐渐硬化成为坚硬的骨头。在成年胴体中，位于骨骼连接处的关节中包含许多软骨和结缔组织，是可利用的原料。

（二）肌肉

肌肉在制作白色基础汤时可用，但作为一名西餐厨师通常不会考虑使用肌肉制汤，因为这无疑会增加菜肴的成本，而降低了餐厅的利润。在西餐厨房中利用肌肉制汤可能会出于两种情况：一种是利用动物性原料剔下的边角料，另一种就是有部分动物性原料需要煮熟后使用，其煮制时的汤汁可以利用，比如西餐中的鸡胸肉，无论是冷菜或汤菜中都经常会使用煮鸡胸肉，因此在制作时可以考虑加以利用。

二、调辅料

在基础汤制作中一般不会进行调味，但由于使用了动物性原料，因此去除异味的辅料还是不可缺少的。

（一）蔬菜香料

蔬菜香料是西餐烹调中的一个特色，也是基础汤制作时的重要辅料。制作基础汤时常用的蔬菜香料主要是洋葱、胡萝卜、芹菜。由于胡萝卜带有橘红色及甜味，在制作时多放会影响基础汤的口味及色泽，尤其是在白色基础汤中；而芹菜具有较浓厚的香味，过多使用也会掩盖基础汤本身的香味，因此在制作基础汤时洋葱、芹菜、胡萝卜常以2∶1∶1的比例来使用。对于一些要求比较高的白色基础汤，还会使用蘑菇来代替胡萝卜，使基础汤更加通透。

（二）调味物质

在制作基础汤时通常是不调味的，但是会加入一些调味物质，如酸味物质，因为酸味物质能有效地提升基础汤的口味及色泽，如番茄或番茄制品在制作上色基础汤时就是不可缺少的。在使用中，番茄可以少放，因为过多的番茄会使汤体变得浑浊，而番茄制品主要是指番茄膏等，不但能使基础汤色泽更加漂亮，同时不会使汤带有过多的酸味。

制作基础汤时还会使用柠檬、葡萄酒等，尤其是制作水产类基础汤如常用的鱼基础汤，这些原料在去腥增香、提升基础汤的鲜味方面的作用比增加酸味要重要得多。

（三）香草香料

香草香料在制作基础汤时使用较少，因为有些香味浓郁的香草香料会掩盖基础汤本身的香味，因此香草香料需要谨慎使用。制作基础汤时常用的香草香料主要有香菜和胡椒等。

在使用这些香草香料时，为控制其呈香物质的溢出，通常不应将其散在汤中，而应用绳子捆扎成束或放在香料袋中，这样当发现基础汤中的香味足够时，可以将其及时取出。

活动2　基础汤的制作要点

白色基础汤与上色基础汤所有原料区别不大，但制作的汤却完全不同，主要是其制作时的操作方法有着较大区别。

一、白色基础汤的制作要点

（1）制作前必须清洗骨头，必要时可以进行焯水，以去除其中的杂质，防止汤色浑浊。

（2）整个煮制过程始终是微沸状态，切忌不可沸腾，因为沸腾会使汤色变浑。

（3）煮制过程中可以撇去浮渣。

（4）制作完成的白色基础汤应冷却，否则会滋生细菌，使汤容易变质。

二、上色基础汤的制作要点

（1）不要清洗原料。

（2）用高于190℃的温度烤至骨头呈褐色，对于一些家禽类原料可以使用煎的方法。

（3）烤骨头时可加入蔬菜香料，在后期可加入番茄及番茄制品。

（4）整个煮制过程保持微沸状态。

（5）制作完成的上色基础汤可以缓慢冷却。

随着食品科技的发展，西餐厨房中越来越多地使用一些制造商批量生产的方便汤底，使用时只需要将方便汤底加水稀释即可，大大减轻了厨师的工作，提高了工作效率，但这会增加人们对添加剂的摄入，在一些高档的西餐厅仍旧沿用自制基础汤的方法，以确保菜肴的原汁原味。

 **白色基础汤**

训练目的

了解白色基础汤的原料，能制作鸡基础汤。

原料知识导入

白色基础汤常用于制作白色基础少司和含有蔬菜的汤菜，如白色基础少司中的奶油少司，汤菜中的英式青葱土豆汤等。

图 4-9　鸡骨与蔬菜原料

训练原料：
鸡骨300g、水1L、洋葱片15g、芹菜段10g、胡萝卜片5g

训练工具：
汤勺、网筛、炉灶

训练器皿：
汤锅、汤盅

1. 将骨头用冷水焯水，捞出洗净❶。
2. 将骨头放置于汤锅中加入洋葱片、芹菜段和胡萝卜片及冷水，煮沸后撇浮渣，换慢火烧制4小时左右❷。
3. 将汤用网筛进行过滤，冷却❸。
4. 将汤盛在汤盅内❹。

图 4-10　白色基础汤制作步骤

成品质量要求：
1. 汤色透明，无浮渣。
2. 汤味浓郁。
3. 成品安全卫生。

> **特别提示**
> 🍃 过滤的筛网要越细越好，也可以垫一张厨房用纸进行过滤。
> 🍃 炉灶可以选用煤气灶或电灶，在西餐厨房中常配备有制汤锅，可制作量较大的基础汤。

训练2 鱼基础汤

训练目的

了解白色基础汤的原料,能制作鱼基础汤。

原料知识导入

鱼基础汤也是白色基础汤,其制作时的难点在于如何使鱼基础汤不腥,而且具有鱼的香味,这需要鱼骨必须是新鲜的,且需要用白葡萄酒来进一步去腥。

图 4-11　鱼骨原料

训练原料:
净鱼骨300g、水1L、洋葱片20g、芹菜段10g、胡萝卜片5g、黄油10g、白葡萄酒10mL、番茄适量

训练工具:
汤勺、网筛、炉灶

训练器皿:
汤锅、汤盅

1. 将骨头在锅中煎上色❶。
2. 滤出骨头,煎锅内剩余的油翻炒蔬菜香料和番茄,并与骨头一起倒入汤锅中,加入白葡萄酒❷。
3. 加小火煮4小时左右❸。
4. 将汤用网筛进行过滤,冷却❹。
5. 将汤盛于汤盅内❺。

图 4-12　鱼基础汤制作步骤

成品质量要求:
1. 汤色透明,无浮渣。
2. 汤味浓郁。
3. 成品安全卫生。

特别提示
- 制作鱼基础汤时一定要将鱼骨洗净,包括鱼鳃、鱼块等,以免影响汤的风味。
- 白葡萄酒不易放入过多,否则会使酒精氧化成酸,使汤带有酸味。

训练 3　上色基础汤

训练目的

了解上色基础汤的原料，能制作上色基础汤。

原料知识导入

上色基础汤也称为棕色基础汤，厨师们更习惯称之为布朗基础汤，它是西餐中使用最广泛的基础汤，能制作热基础少司——布朗少司。

图 4-13　鸡骨类原料

训练原料：
鸡骨300g、水1L、洋葱片20g、芹菜段10g、胡萝卜片10g、番茄块50g、黄油10g、白葡萄酒10mL

训练工具：
汤勺、网筛、炉灶

训练器皿：
汤锅、汤盅

1. 将黄油、蔬菜香料、鸡骨一次铺放在汤锅内，用小火加热约5分钟至鸡骨变暗❶。
2. 加水及白葡萄酒，煮沸后撇去浮沫❷。
3. 煮制约30～45分钟，用网筛过滤并冷却❸。
4. 将汤盛于汤盅内❹。

图 4-14　上色基础汤的制作步骤

成品质量要求：
1. 汤色呈棕色，无浮渣。
2. 香味浓郁。
3. 呈流体状且有一定稠度。
4. 成品安全卫生。

> **特别提示**
> ◆ 上色基础汤的棕色主要来自于骨头的上色，但要防止变焦。
> ◆ 上色基础汤的稠度主要来自于骨头中的胶原蛋白以及番茄和番茄制品。

项目小结

基础汤是制作少司的基础，如果说少司是西餐的灵魂，那么基础汤就是少司的灵魂，其重要性可想而知。通过本项目的学习同学们要复习各类基础汤的制作方法，并熟练掌握。

知识拓展

油面酱使用技巧

西餐烹调中经常会用一种增稠剂，就是油面酱，它可以用于热少司、汤菜的增稠，制作与使用油面酱也是西餐厨师必须掌握的基本技能之一。

1 油面酱的制作

1. 原料

主要原料为精白面粉、油脂。面粉与油脂的比例为1∶1，油脂最少可减至1∶0.7。面粉需过细筛，去除杂物；油脂最好选用黄油。

2. 制作过程

选用厚底的少司锅，放入油脂，加热至油完全熔化（约50～60℃），倒入面粉搅拌均匀，在120～130℃的炉面上慢慢炒制，并不停搅动，以免糊底。至面粉呈淡黄色，并能闻到炒面粉的香味时即可。

3. 制作中应注意的问题

（1）炒面粉的温度不可过高，用微火把面粉炒干炒透。

（2）炒制的过程以稍见黄色为宜。颜色浅，香味不充分，颜色再深一些，虽可增加些香味，但制作的汤色会不白。

2 油面酱的使用方法

油炒面粉在制汤或少司时有两种使用方法：一种是热打法，另一种是温打法。

1. 热打法

油炒面粉制作好后，趁热冲入部分滚热的牛奶，先慢慢搅打均匀，再用力搅打至牛奶与油炒面粉完全溶为一体，表面洁白光亮，手感有劲时，再逐渐加入其余的牛奶和清汤，并用力搅拌均匀，然后加入盐、胡椒粉、鲜奶油，煮沸至透即可。用这种方法制作的奶油汤色白、光亮、有劲，但搅打时比较费力。制作时应注意以下问题。

（1）牛奶和油炒面粉都要保持高温，以使面粉充分糊化。

（2）搅打奶油汤时要快速、用力，使水和油充分分散，汤不易澥，并有光泽。

（3）如汤中出现面粉颗粒或其他杂质，可用纱布或细筛过滤。

2. 温打法

在油中放入切碎的胡萝卜、洋葱及香叶、丁香和面粉一起炒香，然后逐渐加入 30～40℃牛奶和清汤，用蛋抽搅打均匀，煮沸后用微火煮至汤液黏稠，然后细筛过滤。过滤后再放入鲜奶油、盐、胡椒粉，煮沸即可。制作中应注意的问题：

（1）搅打时不必用力，只需搅打均匀即可。

（2）熬煮时要用微火，不要糊底，一般要煮 30 分钟以上。

一、判断题（判断正确的题目，括号内填"√"，错误的填"×"）

（　　）1. 基础汤只能用牛骨或鸡骨制作。

（　　）2. 基础汤虽然不是成品的汤，但它直接影响了菜肴的质量。

（　　）3. 基础汤按颜色可分为白色和上色基础汤。

（　　）4. 上色基础汤要比白色基础汤更稠一些。

（　　）5. 动物幼崽的骨头可以用于制作浓稠的基础汤。

二、单选题（选择一个正确的答案，将相应的字母填入题内的括号中）

1. 下列原料制作基础汤，制作时间最短的是（　　）。

（A）牛骨　　　（B）鱼骨　　　（C）鸡骨　　　（D）羊骨

2. 下列基础汤需要将原料进行烤制的是（　　）。

（A）白色基础汤　（B）鱼基础汤　（C）上色基础汤　（D）鸡基础汤

3. 下列原料（　　）是蔬菜香料。

（A）胡萝卜　　（B）菠菜　　　（C）香叶　　　（D）黄瓜

4. 洋葱、芹菜与胡萝卜制汤时常用（　　）的比例。

   （A）1.5∶1∶1　（B）1∶1∶1　（C）1∶2∶1　（D）2∶1∶1

5. 下列（　　）需要骨头清洗后进行制作。

   （A）白色基础汤　　　　　　　（B）牛基础汤

   （C）鸡基础汤　　　　　　　　（D）上色基础汤

三、思考题

1. 请列举分别使用白色基础汤和上色基础汤制作的热菜少司各3个。
2. 请列举分别使用白色基础汤和上色基础汤制作的汤菜各2个。

四、操作题

1. 请在提供的原料中选取制作上色基础汤。
2. 请在提供的原料中选取制作白色基础汤。

   提供的制汤原料：

   牛骨、鸡骨、鱼骨、芹菜、生菜、胡萝卜、迷迭香、黑胡椒粒、紫洋葱、白洋葱、香叶、番茄、黄芥末、番茄酱、红菜头

项目 3
西式早餐的制作

学习目标

1. 了解西式早餐的特点。
2. 了解西式早餐的分类。
3. 能制作各类西式早餐。

项目描述

西式早餐在一般的酒店餐厅中每天都会供应,虽然西式早餐各国都有自己的特点,但也不乏一些共同的特点,本项目主要介绍了一些西式早餐的特点,并通过制作常见的西式早餐训练,使学习者能熟悉这些早餐品种。

项目任务

 西式早餐的特点与分类

【任务导入】

虽然各国的早餐各有特点,但西方国家中的早餐也有一些相通之处,因此通过归纳可知道西式早餐的一些共同特点,并进行简单的分类。

【任务实施】

活动1　西式早餐的特点

西餐的饮食与中餐有着完全不同的特点,同样西式早餐与中式早餐也是完全不同的,传统中式早餐各地各有不同,但可分为米、面两大类,而西式早餐品种略为丰富,而且制作方便,所以越来越多的人喜欢上了西式早餐,在酒店的早餐供应中西式早餐也占有较大的比例。

一、西式早餐品种丰富

西式早餐中不但有粮食类,还有乳及乳制品、蛋及蛋制品、肉制品等,品种可谓丰富。粮食类早餐主要是不同口味的面包(图4-15)、薄饼等以面粉为主料的品种,其中面包的品种非常丰富,常见的有吐司、法棍等。乳及乳制品在西式早餐中品种也非常丰富,主要有牛奶、黄油、各种乳酪等,黄油主要用于涂抹面包。蛋类制品主要是用鸡蛋制成各类早餐,有煮鸡蛋、煎蛋、炒蛋等,现代西餐厨房中也会使用鸡蛋制品,主要有液蛋制品、干蛋制品及冰蛋制品,以方便厨房的储存与使用。在西式早餐中不可缺少的还有肉制品,如培根、火腿等。

图 4-15 小法棍

二、西式早餐营养丰富

丰富的餐饮品种,必然会带来营养的丰富,因此西式早餐相比较而言营养是丰富的,但植物性食物比例较少,所以其粗纤维比例略少,但可以使用一些粗纤维含量较多的原料制作面包来进行改善。

三、液体类早餐品种丰富

与中式早餐较大的区别在于液体类早餐的品种,中式早餐常见的液体类有稀饭、豆浆及制品等,而西式早餐的液体类品种就比较丰富了,常见的有各类果汁、牛奶、咖啡及茶,尤其咖啡是不可缺少的(图4-16)。

图 4-16 咖啡

活动2 西式早餐的分类

西方各国的早餐都会在原料、制作方式上体现各自的特点,但仔细观察其早餐品种,不难发现有简繁之分,所以根据西式早餐(图4-17)的供应食品和服务形式的不同,将其分为英美式早餐和欧洲大

图 4-17 西式早餐

陆式早餐两种。

一、英美式早餐

英美式早餐主要是指英国、美国、加拿大、澳大利亚及新西兰等以英语为母语的国家的早餐，它们的共同特点是品种非常丰富，通常会根据食客需求供应各类蛋类，有煎蛋、煮蛋、杏力蛋、熘糊蛋、炒蛋、水波蛋等；谷类制品主要有玉米粥、麦片粥及面包等；肉类制品有香肠、火腿、咸肉等，另外还会供应黄油、果酱、水果、果汁、咖啡、牛奶、红茶等，供不同需求的食客选择。

二、欧洲大陆式早餐

欧洲大陆式早餐主要是以欧洲各国如法国、德国等国的早餐为主，相对于英美式早餐，欧洲大陆式早餐就比较简单，供应品种也比较少，通常会供应各种甜、咸面包、羊角面包、面包卷及黄油、果酱、牛奶、咖啡等，值得注意的是欧洲大陆式早餐一般不会供应鸡蛋类制品。

任务2 西式早餐的制作

【任务导入】

通过鸡蛋类、三明治及饮品制作的训练，熟悉西式早餐的品种、特点，并能制作常规的早餐品种。

【任务实施】

活动1 蛋类早餐的制作

鸡蛋是使用最为广泛的一种食物原料，可以作主料，也可以作为辅料使用，既可以用于制作各类菜肴，同时也是西点制作时不可缺少的原料。在使用鸡蛋制作早餐时，通常需要迎合食客的喜好，即需要根据食客喜欢的成熟度进行烹饪，因此作为一名西餐厨师需要熟知鸡蛋成熟的温度。

一、鸡蛋的成熟温度

鸡蛋无论蛋清还是蛋黄，其主要是含有不同种类的蛋白质，因此鸡蛋的成熟是蛋白质变性的过程，我们能观察到的是其凝结程度。由于蛋白质的品种不同，因此蛋清与蛋白的凝结温度也会略有不同，通常蛋黄的凝结温度比蛋清略高一些（图4-18）。了解这些有助于对温度的把控，制作出符合食客要求的早餐。

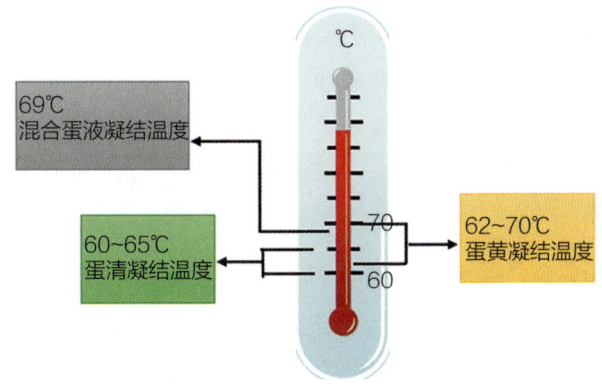

图4-18 鸡蛋的凝结温度

二、早餐鸡蛋的品种

西式早餐鸡蛋的品种繁多，可分为带壳烹调和去壳烹调，根据烹调方法又可分为煮鸡蛋、煎蛋等。

（一）煮鸡蛋

煮鸡蛋是西式早餐中常见的食用方法，是保持鸡蛋营养的最佳烹调方法，煮鸡蛋时必须是冷水煮，水沸腾后开始计时，即可得到所需成熟度的鸡蛋。沸腾时间不同，鸡蛋内部的凝结状态是不同的（表4-9），沸腾时间超过10分钟的煮鸡蛋，蛋黄中的铁与蛋白质中的硫化物开始逐步释放，在蛋黄表面出现黑色，影响鸡蛋的外观、营养及味道，是不宜食用的。

对煮鸡蛋成熟度要求最高的当属英式早餐，通常当食客点了煮鸡蛋后，侍者一定会问清楚煮制时间，对于软心煮蛋通常需要将其放在蛋盅上，食用时去除鸡蛋的尖端蛋壳，食客根据自己的口味加入调味品后用小勺舀食。

表4-9 沸腾时间不同的鸡蛋凝结程度对比

名称	图片	沸腾时间	凝结状态	使用范围
软心煮蛋		2分钟	蛋清基本凝固，蛋黄未凝固	人体较易消化，早餐中常用
半硬心煮蛋		5分钟	蛋清完全凝固，蛋黄有近2/3较湿润	西餐冷菜制作时常用此鸡蛋
硬心煮蛋		8~10分钟	蛋清、蛋黄完全凝固	人体较难消化

（二）煎鸡蛋

煎鸡蛋在东西方饮食中都是比较常见的，在中餐中常称之为荷包蛋，在西餐厅提供早餐时，通常是由厨师根据食客需求现场煎制。在西式早餐中煎鸡蛋的方法有单面煎和双面煎两种，一般单面煎也可称为太阳蛋，其蛋黄不会完全凝结，是西方人非常喜欢的一种食用方法。

制作单面煎或者双面煎的方法是相同的，只是一个不需要翻面而已。一般会使用煎锅，放上少量的食用油，在油温160°左右煎去壳的鸡蛋，单面煎时不翻转鸡蛋，慢慢的使蛋清全熟，而蛋黄仍是生的，如果需要蛋黄略熟的，在煎锅中加几滴水，小火并盖上锅盖直到蛋黄上有一层薄的蛋白凝固即可。而双面煎蛋，只需在蛋清凝固后，将其翻面继续煎制即可。

（三）烤鸡蛋

烤鸡蛋与煎鸡蛋类似，区别在于烤鸡蛋是在盘中烤制而不使用食用油煎制，在烤鸡蛋时也可以根据食客需要加入一些香料及肉类等。

在制作烤鸡蛋时会在烤盘上刷少量的黄油，打入鸡蛋后在炉灶上先略煎一下，再放入175℃的烤箱中烤到所需的程度，上菜时将其切割后装在盘子中。

（四）炒鸡蛋

炒鸡蛋也称为杏力蛋（图4-19），与前面几种鸡蛋不同的是需要将鸡蛋去壳后打散。在炒制时可根据食客的需要加入不同的辅料，如洋葱、菠菜、培根、虾仁等，但需要将这些辅料切碎。在西餐厨房中常会将鸡蛋事先打散成蛋液，放在冰箱中冷藏备用，所有辅料也切碎备用，这样可以加快制作的速度。

图4-19 炒鸡蛋

煮鸡蛋

训练目的

熟悉鸡蛋的特性，能根据要求正确制作煮鸡蛋。

原料知识导入

煮鸡蛋要按照食客的需求进行不同程度的煮制。挑选鸡蛋时也应注意鸡蛋的新鲜，烹饪前应该先清洗鸡蛋的表面。

图 4-20　鸡蛋（煮制用）

训练原料：
鸡蛋 3 个

训练工具：
汤锅 1 个

训练器皿：
原料盘、8 寸平盘、深锅 1 个、蛋盅

训练设备：
炉灶

1. 鸡蛋洗净，放入冷水锅中煮❶。
2. 水沸腾后计时。
3. 到所需要成熟时取出，用冷水冲凉❷。
4. 鸡蛋放在蛋盅上❸。

图 4-21　煮鸡蛋步骤

成品质量要求：
1. 蛋壳表面不开裂。
2. 成熟度达到要求。
3. 成品安全卫生。

> **特别提示**
> ◆ 季节、鸡蛋数量都会影响煮鸡蛋的时间，需要根据实际情况进行微调。
> ◆ 鸡蛋表面附着一些杂质，所以在煮制前必须将其清洗干净。

 **训练 2　双面煎鸡蛋**

训练目的

熟悉鸡蛋的特性，能根据要求正确制作煎鸡蛋。

原料知识导入

区别于煮鸡蛋，煎制的鸡蛋更加受到食客的欢迎，首先通过添加油脂使鸡蛋的口感更肥美。而且煎制的鸡蛋也更容易进行后续调味，丰富了口味。

图 4-22　鸡蛋（煎制用）

训练原料：
鸡蛋2个、食用油5g

训练工具：
煎锅1个、木铲1个

训练器皿：
原料盘、8寸平盘

训练设备：
炉灶

1. 煎锅放炉灶上，加入少量的油❶。
2. 打入鸡蛋，煎至蛋清凝固❷。
3. 鸡蛋翻面，煎至表面凝固❸。
4. 将煎鸡蛋盛于平盘内❹。

图 4-23　煎鸡蛋步骤

成品质量要求：
1. 成熟度达到要求。
2. 蛋黄不破。
3. 成品安全卫生。

> **特别提示**
> ● 鸡蛋的品质决定了煎鸡蛋的美观，不新鲜的鸡蛋，蛋清变稀，煎鸡蛋形状不美观。
> ● 使用模具可以改善鸡蛋的美观，也可以选用不同形状的模具，吸引小朋友食用。

 训练3　杏力蛋

训练目的

熟悉鸡蛋的特性，能根据要求正确制作杏力蛋。

原料知识导入

杏力蛋又叫炒鸡蛋，各国对其称呼都有不同，如法国人称为omelette，西班牙人叫Tortilla，意大利人叫Frittata，香港人叫奄列等。

图4-24 鸡蛋（炒制用）

训练原料：
鸡蛋3个、食用油10g、番茄少司10g

训练工具：
蛋抽、煎锅1个、木铲1个

训练器皿：
原料盘、8寸平盘

训练设备：
炉灶

1. 鸡蛋去壳，放在原料盘中，用蛋抽打匀❶。
2. 煎锅放入少许油，加热后放入蛋液❷。
3. 用木铲略微搅动凝结的蛋液❸，慢慢卷起❹。
4. 两面翻锅略煎❺。
5. 将蛋盛于平盘中，配上番茄少司❻。

图4-25 炒鸡蛋步骤

成品质量要求：
1. 形状似半圆。
2. 成品安全卫生。

特别提示 ◆ 无论煎鸡蛋还是炒鸡蛋，建议使用不粘锅制作，否则需要将锅烧热加入冷油，以防止粘锅。

活动2 三明治的制作

三明治、汉堡、热狗都是一种快餐食品，在早餐中也经常食用。三明治是一种典型的西方食品，主要是在面包中间夹入各种肉、蛋、蔬菜等，因其营养丰富，吃法简便，适合现代社会紧张的工作节奏，广泛流行于世界各国。

一、三明治的种类

三明治种类繁多,以面包品种分类,最常见的是白面包,还可以使用全麦面包、燕麦面包等不同原料制成的面包。制作三明治最常用的形状是正方形的切片面包,也就是制作成长方体的面包,然后将它切成厚约10mm的片,也有一些其他形状的,如圆形的餐包可以制作成汉堡,长条形的可以制作成热狗等。

三明治还可以在面包上涂抹不同风味的酱料,如黄油、蛋黄酱等形成不同的风味特点。也可以选择不同的夹馅,形成不同的三明治品种。

二、三明治的酱料

涂抹三明治酱料可以防止面包被夹馅湿透,增加三明治的风味、湿度,使其具有良好的口感。常用的有黄油、蛋黄酱、黄芥末酱等。

(一)黄油

黄油在涂抹时需要厨师掌握好它的软硬度,黄油应该足够的软,但又不是液体的那一刻,是其最佳状态。这样的黄油非常容易涂抹,而且不会因为太硬而碰坏面包,而熔化成液体的黄油会被面包很快吸收。

(二)蛋黄酱

蛋黄酱作为涂抹酱料比黄油要好,因为蛋黄酱风味更足,但是比较容易被细菌污染,制作成的三明治应立即食用。

(三)黄芥末酱

黄芥末酱没有日本的青芥末那么辣,具有特殊的香味,使用在三明治中可增加其风味。

三、三明治的夹馅

夹馅是三明治的心脏,用于三明治的夹馅原料有很多,它们不但可以增加三明治的营养价值,也可以使三明治形成不同的口感,我们将其归类,可以分为蛋制品、植物性原料、肉类及制品、乳制品及腌制品(图4-26)。

蛋制品	一般在三明治中会使用煎蛋皮,但也可以用煎鸡蛋或者煮鸡蛋
植物性原料	一些可以直接食用的植物性原料均可使用,如洋葱、生菜、黄瓜、番茄等
肉类及制品	牛肉、鸡肉等都可以用于制作,也可以用肉制品,如香肠、培根、火腿等
乳制品	除了用于涂抹的黄油外,还会使用乳酪作为夹馅
腌制品	腌制品因为较浓郁的咸、酸等口味,常在三明治中起调节口味的作用,常用的有酸黄瓜等

图4-26 三明治的夹馅

训练 1　公司三明治

模块四
西餐基础汤和早餐的制作

训练目的

熟悉三明治的制作原料，会进行公司三明治面包的制作。

训练原料：
1. 主料：三明治面包（方包）3片
2. 辅料：罗马生菜1片、酸黄瓜1/2根、番茄1片、培根1片、火腿1片、鸡蛋1个
3. 调料：蛋黄酱50克
4. 配菜：炸薯条80克、花式生菜2片、番茄少司

图 4-27　公司三明治主要原料

训练器皿：
砧板、西餐刀、原料盘、10寸平盘、煎锅、木铲

训练设备：
炉灶、烤箱

1. 将两片三明治面包放入烤箱烤至表面稍硬，备用。
2. 锅烧热，放入培根煎熟，备用。
3. 鸡蛋打均匀后煎成蛋皮，备用。
4. 在每片三明治面包的一面上涂上蛋黄酱。
5. 取一片三明治面包，在涂有蛋黄酱的一面上依次放上生菜、火腿、番茄片，盖上另一片面包，再放上生菜、蛋皮、煎培根、酸黄瓜片，最后盖上第三片面包。
6. 将做好的三明治切去边皮，并沿对角线一切为四，插上牙签，竖放于10寸平盘四周。
7. 中间配炸薯条、花式生菜、边上配番茄少司即可。

图 4-28　公司三明治

成品质量要求：
1. 面包呈金黄色，原料呈新鲜自然色。
2. 具有面包香、火腿香、蔬菜清香、培根香。
3. 咸味适口、口味层次丰富。
4. 装盘美观、形态饱满、边缘整洁。
5. 脆、清爽、多汁。
6. 成品安全卫生。

训练2 金枪鱼三明治

训练目的

熟悉三明治的制作原料，会进行金枪鱼三明治面包的制作。

训练原料：
1. 主料：三明治面包（方包）3片
2. 辅料：罗马生菜1片、洋葱6克、油浸金枪鱼60克
3. 调料：蛋黄酱40克、黄油10克、黑胡椒碎少许
4. 配菜：炸薯条80克、花式生菜2片、番茄少司

图4-29　金枪鱼三明治原料

训练工具：
砧板、西餐刀、原料盘、10寸平盘、煎锅、木铲

训练设备：
炉灶、烤箱

1. 将两片三明治面包放入烤箱烤至表面稍硬，备用。
2. 在一片三明治面包的一面涂上蛋黄酱，另一片涂黄油。
3. 取一块涂有黄油的面包在上面放生菜、金枪鱼、洋葱丝。撒上黑胡椒碎，盖上另一片涂有蛋黄酱的面包。
4. 将做好的三明治切去边皮，沿对角线一切为二，两块叠放装盘。
5. 中间配炸薯条、花式生菜、边上配番茄少司即可。

图4-30　金枪鱼三明治

成品质量要求：
1. 面包呈金黄色，原料呈新鲜自然色。
2. 具有面包香、火腿香、蔬菜清香、金枪鱼香。
3. 咸味适口、微酸、自然混合鲜味。
4. 装盘美观、形态饱满、边缘整洁。
5. 脆、清爽、软滑。
6. 成品安全卫生。

活动3　饮品的制作

一、咖啡

咖啡、茶叶和可可并称为世界三大饮料，而咖啡是世界上消费量最大的一种饮料。咖啡中所含的脂肪、咖啡因、纤维素、芳香油等物质，具有振奋

精神、消除疲劳、帮助消化等作用,深受人们的欢迎,不仅是早餐上的饮品,更是工作、生活中不可缺少的饮品。

(一)咖啡的加工

咖啡豆是咖啡树的果实,咖啡树是属茜草科常绿小乔木,而咖啡豆就是指咖啡树果实里面的果仁,再用适当的方法烘焙而成,品尝起来有苦涩味道(图4-31)。

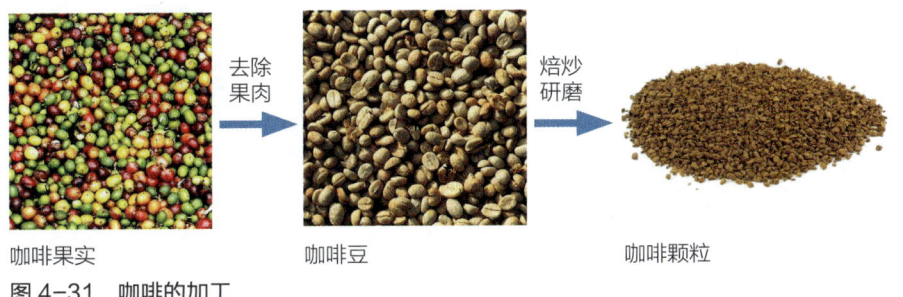

咖啡果实　　　　　　咖啡豆　　　　　　咖啡颗粒

图4-31　咖啡的加工

(二)咖啡的制作

日常饮用的咖啡是用咖啡豆配合各种不同的烹煮器具制作出来的,常用的制作方法有手工冲泡和咖啡机冲泡两种,在现代西餐厅大都使用咖啡机,速度快,咖啡的品质恒定。而手工冲泡则是将研磨好的咖啡颗粒用热水进行冲泡,就可形成一杯味道浓郁的咖啡饮品,手工冲泡时一般咖啡与水的比例为1∶3,还可以采用传统的煮咖啡的方式,将水煮开后,加入咖啡颗粒煮沸,用文火煮8~10分钟,滤出咖啡渣即可。

二、茶

西方人也喝茶,但通常是喝红茶,红茶是经过发酵的一种茶,颜色较深且茶味浓郁。西方人喜欢将红茶制成茶包,通常1个茶包在2.3克左右。冲泡时通常是将1个茶包与175mL的沸水混合后,浸泡约3~5分钟,使茶叶得到充分浸泡,然后取出茶包,即可饮用。

三、可可

可可饮用时,是将可可粉、糖、水以1∶5∶5的形式煮制成可可汁,饮用时加入牛奶即可。

训练1 咖啡的制作

训练目的

熟悉咖啡的特点,能用咖啡机冲泡咖啡。

原料知识导入

咖啡在现代人们的生活中必不可少,因其提神的效果越来越受到人们的欢迎,人们饮用咖啡不仅仅是在早餐时刻了。

图 4-32 咖啡豆

训练原料:
咖啡豆15g、纯净水200mL、牛奶50mL、糖2包

训练器皿:
咖啡杯

训练设备:
咖啡机

1. 给咖啡机加入纯净水❶。
2. 加入咖啡豆❷。
3. 选择需要的咖啡按钮,制作出的咖啡放在咖啡杯中❸。
4. 配上糖和牛奶即可❹。

成品质量要求:
1. 按要求制作咖啡。
2. 成品安全卫生。

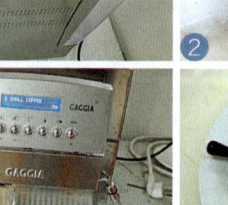

图 4-33 咖啡制作步骤

特别提示
- 咖啡配的牛奶最好是全脂牛奶,这样会使咖啡香味更浓。
- 不同的牛奶配比可以得到不同的咖啡,西餐厅最简单的做法就是让食客自己添加牛奶。

训练2 红茶的制作

模块四
西餐基础汤和早餐的制作

训练目的

熟悉红茶的品质，能正确冲泡红茶。

原料知识导入

红茶是西方人较喜欢的一种饮料，作为早餐茶饮用时通常是用无添加的茶叶冲泡而成的，还有一些添加了香精的茶，可使口味多样化。

图 4-34 红茶设备

训练原料：
红茶包1包、沸水400mL、牛奶50mL、糖包1包

训练器皿：
茶壶、茶杯

1. 给茶壶倒入开水，预热茶壶后，倒出里面的水❶。
2. 加入茶包❷。
3. 加入开水，泡3～5分钟后取出茶包❸。
4. 茶壶、茶杯及牛奶、糖装盘❹。

成品质量要求：
1. 按要求制作红茶。
2. 成品安全卫生。

图 4-35 冲泡红茶的步骤

特别提示
- 红茶的冲泡一定要使用沸水，可使红茶的香味得到充分地释放。
- 红茶浸泡3～5分钟后及时取出茶包，否则会产生不良气味。

项目小结

随着时代的进步，早餐类餐点的影响力正逐步扩大，已广泛应用于酒店餐饮业，其中最常见的蛋类和三明治制作是很重要的基本功。在制作早餐类菜点时，出菜速度的要求也更高。

热量的传递

要烹调好食物，就必须使热量从热源（煤气、火焰或电）传送到食物中去。了解热量传递的方式和速度，有助于厨师更好地控制烹调过程。热量传递有传导、对流和辐射3种方式。

1 传导

传导是指热量直接从一个物体传递到另一个与之相接触的物体上，如从灶眼传递到放在其上的汤锅，再从锅传递到锅里边的肉汤，从肉汤传递到汤里的固体食物上。传导还可以是热量从物体的一部分传递到同一物体中相邻的部分，如从烤肉的表层传递到内层，从煎盘的盘体传递到手柄。

不同的物质传热速度不同，钢、铝的传热速度慢，玻璃和陶瓷传热速度更慢，空气传热速度最慢。

2 对流

当热量由于空气、蒸汽或液体（包括热脂肪）的运动被传送时，便产生对流。常见的是自然对流，即热的液体、蒸汽上升，凉的液体、蒸汽下降，蒸的烹调方法就是一种自然对流。还有一种是机械对流，即对流烤箱和对流蒸柜，其内部风扇加快了热量的循环，因此热量能更快地传递给食物，烹调速度加快。厨师烹调时的搅拌手法也是一种机械对流，可以使热量重新分布，从而避免食物的焦糊。

3 辐射

辐射是指能量从热源通过微波传递到食物上的加热过程。微波本身并不是热能，但当它接触到被烹调的食物的时候能变成热能。

一、判断题（判断正确的题目，括号内填"√"，错误的填"×"）

（　）1. 西式早餐品种是单一的。

（　）2. 西式早餐可分为英美式早餐和欧洲大陆式早餐两种。

（　）3. 鸡蛋是西式早餐常见的原料。

（　）4. 煮鸡蛋应该用热水煮。

（　）5. 西式早餐中煎鸡蛋有单面煎和双面煎两种。

（　）6. 三明治可以作为早餐，也可以作为午餐的快餐。

（　）7. 世界上三大饮料有咖啡、可可和茶叶。

（　）8. 咖啡豆是咖啡树的果实，采摘后可直接研磨成咖啡粉。

（　）9. 西方人最爱喝的茶是红茶。

（　）10. 煮鸡蛋、煎蛋及杏力蛋制作时不加任何辅料。

二、单选题（选择一个正确的答案，将相应的字母填入题内的括号中）

1. 蛋清在（　　）℃时会凝结。
   （A）69　　　（B）50～65　　　（C）60～65　　　（D）62～70

2. 蛋黄在（　　）℃时会凝结。
   （A）69　　　（B）50～65　　　（C）60～65　　　（D）62～70

3. 混合蛋液在（　　）℃时会凝结。
   （A）69　　　（B）50～65　　　（C）60～65　　　（D）62～70

4. 软心煮蛋是水沸腾后煮（　　）分钟的鸡蛋。
   （A）2　　　（B）5　　　（C）7　　　（D）10

5. （　　）不能作为三明治的涂抹酱。
   （A）黄油　　　（B）番茄少司　　　（C）橄榄油　　　（D）沙拉酱

6. 制作可可饮料时，可可粉、糖、水的最佳比例是（　　）。
   （A）1∶5∶5　　　　　　　　（B）1∶4∶4
   （C）1∶4∶5　　　　　　　　（D）2∶5∶5

三、思考题

1. 你吃过的三明治中使用了哪些夹馅？

2. 你吃过的西式早餐有哪些？请阐述它们的制作过程。

四、操作题

1. 请使用鸡蛋制作一份半软心煮蛋。
2. 请选择适当的原料制作一份公司三明治。

  提供的三明治原料：

  三明治面包、金枪鱼、生菜、洋葱、黄油、酸黄瓜、黑胡椒碎、番茄、培根、火腿、鸡蛋、蛋黄酱、土豆、番茄少司

参 考 文 献

[1] 闫文胜. 西餐烹调技术 [M]. 北京：高等教育出版社，2004.

[2] 法国蓝带厨艺学院编. 法式西餐烹饪基础 [M]. 卢大川译. 北京：中国轻工业出版社，2009.

[3] 韦恩·吉斯伦. 专业烹饪. 第四版 [M]. 大连：大连理工大学出版社，2005.

[4] 赖声强. 西餐教室——牛肉篇 [M]. 上海：上海科技教育出版社，2012.

[5] 王天佑，侯根全. 西餐概论 [M]. 北京：旅游教育出版社，2000.

[6] 陆理民. 西餐烹调技术 [M]. 北京：旅游教育出版社，2004.

[7] 全权主编. 西式烹调师（五、四级）[M]. 上海：百家出版社，2007.